科普
新经典

STORIE E SEGRETI DEI FIORI

我的第一本花卉图鉴

意大利布雷拉植物园　编著

〔意〕特里·阿戈斯蒂尼　绘

徐诗宇　译

中国中福会出版社·上海

图书在版编目（CIP）数据

我的第一本花卉图鉴 /（意）布雷拉植物园编著；
（意）特里·阿戈斯蒂尼绘；徐诗宇译 . -- 上海：中国
中福会出版社 , 2024. 6. --（科普新经典）. -- ISBN
978-7-5072-3744-3

Ⅰ . S68-34

中国国家版本馆 CIP 数据核字第 202482HA83 号

Piccolo Erbario Fiorito, Storie e segreti dei fiori
Edited by Orto Botanico di Brera
Illustrated by Terry Agostini
© 2022, 24 ORE Cultura, Milano

著作权合同登记号图字：09-2023-0747

我的第一本花卉图鉴

编　　著：意大利布雷拉植物园
绘　　者：〔意〕特里·阿戈斯蒂尼
译　　者：徐诗宇
出 版 人：屈笃仕
责任编辑：康　华
特约审读：张利雄
装帧设计：译出文化
出版发行：中国中福会出版社
社　　址：上海市常熟路 157 号
邮政编码：200031
印　　制：上海雅昌艺术印刷有限公司
开　　本：889mm×1194mm 1/16
印　　张：14
版　　次：2024 年 6 月第 1 版
印　　次：2024 年 6 月第 1 次
书　　号：ISBN 978-7-5072-3744-3
定　　价：148.00 元

这本花卉图鉴属于

....

....

这是一本属于你的小小花卉集，它将带你领略奇妙的花卉世界。花卉是神奇的：它们有各种各样的形状、颜色和气味，这些都有利于花儿在不同的生长环境中传粉，以确保自身物种的生存。

五颜六色的花瓣吸引着传粉者，但是花朵的形状和大小决定了哪些昆虫或是小动物能够成功地拜访花朵，也就是最有效地完成它们的工作：把花粉从一株植物带给另一株植物。花朵也会给予回报——比如为蜜蜂提供用来酿蜜的花蜜，也就是邀请蜜蜂在花朵成熟时再次光临。

正如你将在本书中发现的，我们人类会为了食物、健康、幸福和许多其他目的，利用植物来满足我们的需求。书中还有与植物相关的奇闻异事和传说。

在书页之间，你会发现许多植物都有图文并茂的介绍，在树林里或是在城市公园里，在溪水边或是在海边，在山上或是在平原上，你可以在不同的环境中认识它们。你会发现，有些物种也可以在你最意想不到的地方出现，也许就在你家门口。

有些地方会人工栽培植物，以便人们了解和欣赏。植物园里有各种各样的植物等着你去发现，欢迎来参观！

我会在布雷拉植物园等你。在米兰这个大城市的市中心，它是一个隐藏于建筑物和繁忙街道之间的小小绿洲，你可以在里面欣赏到许多美丽的植物，包括这本花卉集中描述到的许多植物。

祝你阅读愉快！

马丁·卡特

米兰大学布雷拉植物园主任

In Viaggio Nel
Mondo Dei Fiori

花朵的世界之旅

开花植物在地球上存在了 1.5 亿年，在这期间，它们发展出了最多样、最令人惊讶的特性和生存策略。

正因为如此，它们几乎可以在地球上的任何地方生存，即使是在高海拔地区或沙质海丘等极端条件下也可以。

它们显示出非凡的多样性特征。花朵有的细小、简单，有的复杂、硕大，有的成百上千地簇拥在一起，形成壮观的花序。

有的花开几天就凋谢，有的花则持续数周或数月。

它们有些有艳丽的色彩，有吸引传粉者的奇特形状，还有各部分（根、茎、叶、花、果实、种子）的巧妙结构，这些都是生存和确保物种延续的必要条件。

迄今为止，我们已知的有花植物约有 37 万种，数量庞大且不断变化。这几乎就是所有已知的植物（超过 90%）了！

在本书中，你将看到约 60 种植物的介绍和图解，这只是一小部分，但足以让你了解欧洲从高山到肥沃草地、从城市到海洋等不同环境中的典型植物。

我们之所以选择向你介绍大自然中的野生植物，就是因为我们太过习惯于历史上通过杂交和其他育种技术培育出大部分植物，而不太了解这些野生

植物的起源。

你能找到差不多每种植物最常用的名称，也能发现科学家们给该植物起的学名。瑞典植物学家林奈在 18 世纪创立过双名法，即名称的第一部分表示属（根据植物的共同特征进行分类），第二部分表示种，反映了某些特性，如颜色、生长地点、属性……例如，高山火绒草被称为 Leontopodium alpinum，属名 Leontopodium 让人想起它常见的"狮子爪子"般的形状，种加词 alpinum 则表示它的生长地点阿尔卑斯山。

本书还标明了植物的科（科包含具有共同特征的不同属），例如高山火绒草属于菊科，所有菊科植物都有头状花序，而不是花朵，头状花序由密集的小花组成。

此外介绍的是完全发育时的大小、花期和生命周期（从一年生到多年生），以及奇妙的传说、烹饪用途和功效、繁殖策略和防御机制。在可爱的小仙子的陪伴下，你可以在这本小小花卉集中发现更多有关植物的信息。

花朵和孕育花朵的植物不仅仅具有审美价值，它们本身就是我们文化的一部分。它们能激发艺术家和诗人的灵感；它们是故事的主角，通常具有强烈的象征意义。它们对我们的生存至关重要，因为它们为我们提供了新鲜空气、食物、原材料（木材、纸张、纺织品……）、燃料，以及用于生产药品、化妆品和保健品的物质。

在特别展区，你可以探索花卉的生长过程，看到一些美丽有毒的植物、有装饰性的水果植物和室内植物。

这将是一次奇妙的世界开花植物之旅！

目 录

Il fiore
认识花朵

花是植物长出果实和种子的部分
跟我们一起看看它长什么样子吧！

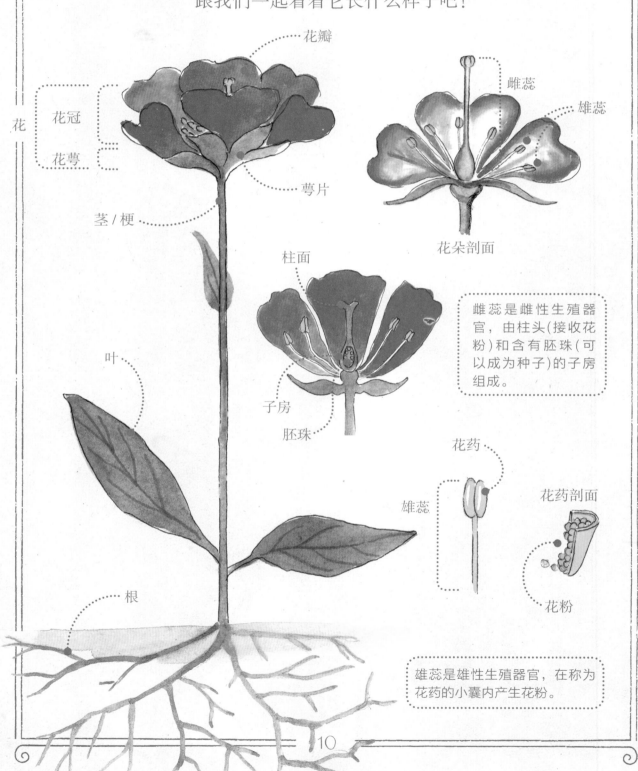

花瓣

花冠
花萼
花

茎/梗

萼片

雌蕊

雄蕊

花朵剖面

柱面

子房

胚珠

雌蕊是雌性生殖器官，由柱头(接收花粉)和含有胚珠(可以成为种子)的子房组成。

叶

花药

雄蕊

花药剖面

根

花粉

雄蕊是雄性生殖器官，在称为花药的小囊内产生花粉。

秋水仙被片

雄蕊和雌蕊的周围通常有五彩缤纷的花瓣（花冠）和绿色的萼片（花萼）。当花瓣和萼片无法区分时，我们统称为花被片。

花可以分为单生花和多花聚集而成的花序，根据花在茎上不同的排列方式，花序也有各自独特的名称，例如伞形花序（如胡萝卜）或头状花序（如雏菊），其中的小花非常密集，以至于会被误认为是单生花。

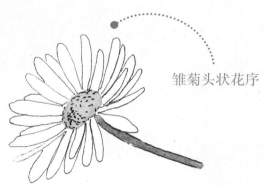

雏菊头状花序

滨海刺芹苞片

有些植物的花和花序下面或周围有苞片，这些苞片是修饰过的叶子，有些像色彩鲜艳的花瓣，有些像带刺和毛的叶子。

从花朵到果实以及种子的诞生

当一株植物的花粉在风或昆虫的作用下转移到另一株植物的雌蕊上时，传粉过程就开始了。如果花粉到达胚珠，就会受精，这只发生在同种植物之间。子房变成果实，胚珠变成种子。

植物的寿命

植物的寿命因种类而异。
一年生植物在一年内发芽、开花、结果和死亡。
二年生植物第一年形成叶丛，第二年开花结果，然后死亡。
多年生植物每年开花，寿命为3年或更长。多年生植物还包括乔木和灌木，它们可以存活多年甚至数百年！

Fiori di campo e di città

野外的花与城市的花

许多植物就生长在城市中，却从未得到人们注意。它们也生长在其他人工环境中，如工业区、花园、菜园或是田地。仔细观察，你会在你最意想不到的地方发现它们：人行道的裂缝中、马路边、墙缝中、铁轨旁……或者就在树的脚下！

有些人称它们为"杂草"，因为它们有时会给人一种杂乱无章的感觉。然而，像所有其他植物一样，它们也具有重要的生态作用：它们释放氧气，并为昆虫和其他小动物提供食物和栖息地。

它们值得了解，因为，有些植物具有药用价值，如锦葵；有些植物甚至可以食用，如菊苣；还有些植物可以为景观增添亮丽的色彩，如三色堇。

这些植物对生存和繁殖条件的要求非常低：空间、土壤、水和养分、传粉昆虫……它们所需的一切都被压缩到了最低限度！但是，它们坚韧而顽强，就像田旋花一样，即使被割掉或撕裂，也能经受住践踏，很好地存活下来。

如果有足够的土壤，它们就会用强壮的根系紧紧抓住土壤；反之，如果土壤和水都很匮乏，它们就会长出又细又长的根系，这样它们就能够钻进缝隙，吸收生长所需的养分。

有些植物已经适应了在麦田和其他农作物田地中生长：它们生长非常迅速，是典型的一年生植物，它们的种子在脱粒前就会散开，让新的植物在第二年生长。其中还包括形状和颜色非常迷人的植物，你可能已经知道了，比如虞美人。

Convolvolo 田旋花

Cicoria comune 菊苣

Malva 锦葵

Papavero 虞美人

Viola del pensiero 三色堇

Verbasco 毛蕊花

Cardo dei linaioli
起绒草

Borragine 玻璃苣

Cicoria comune

菊苣

Cichorium intybus

菊科　多年生植物
最高高度：120 厘米　花期：7 月至 10 月

夏季，野生菊苣的蓝色花朵在未开垦的田野、路边或铁轨旁格外显眼。

与所有菊科植物一样，每朵"花"实际上是由许多小花组成的头状花序。菊苣的花是舌状花，即花冠在一侧膨大，几乎像舌头一样，在炎热天气或恶劣天气时会闭合。茎蜿蜒曲折，内部中空，稍有绒毛。基部的叶子为犬牙状，并有明显的脉序；上部的叶子较小，呈披针形，越向上的部分锯齿越少。

菊苣自古以来就以其疗效闻名，在厨房里则是许多菜谱的基础原料：最嫩的叶子可以做沙拉；煮熟后用油、大蒜和辣椒翻炒，就是罗马菜肴中一道典型的配菜了。

你知道在罗马曾有过"菊苣药师"这个职业吗？是指在田野里采集到野生菊苣后去城里的市场上出售的人："菊苣，菊苣，谁想要菊苣？"

从野生菊苣中衍生出许多叶片更大、颜色更鲜艳、肉质更丰富的蔬菜品种，例如，维罗纳和特雷维索的红菊苣、比利时苣荬菜和加泰罗尼亚长叶菊苣。

你知道吗？

人们种植菊苣，还曾将干燥、烘烤和研磨的根茎用作咖啡的替代品。这种做法是由一位意大利医生、植物学家在 16 世纪提出的，最初只是用于治疗，后来用作食品，尤其是在真正的咖啡供应短缺的战争时期。

如今，在科学研究已经证明了它具有去湿热、利尿和助消化的功效后，菊苣咖啡又开始流行起来。

Cicoria comune 菊苣

Cicoria comune 菊苣

Papavero

虞美人
Papaver rhoeas

罂粟科　一年生草本
最高高度：90 厘米　花期：5 月至 7 月

虞美人的红色斑点总让人想到夏天的麦田：虞美人和矢车菊曾经在麦田里非常常见，后来由于杀虫剂和除草剂的使用，它们在麦田里消失了。虞美人有四片花瓣，看上去有些皱巴巴的，花瓣呈猩红色，基部有一个黑点，花蕊呈蓝黑色，这是一种非常罕见的颜色。娇嫩的花瓣被绿色的萼片包裹着，绽放后花瓣在一天内就会脱落。

如果切开它纤细的茎，就会有乳白色的汁液流出，味道非常难闻，即使是最饥渴的食草动物也会望而却步。齿状叶片被分成披针形，这些叶片和茎一样，表面都覆盖着一层淡淡的绒毛。

果实的结构非常巧妙：一个卵圆形的蒴果被一个"盖子"盖住，"盖子"下面有孔。成熟后，成千上万颗黑色的种子从"盖子"下面钻出来，随风飘散四方。

种子可食用，并广泛用于制作特制面包、饼干和蛋糕。芽是传统地方菜肴的配料。

在民间医学中，虞美人花瓣的煎煮液被用作镇静剂。

你知道吗？

每朵虞美人能产生约 250 万个花粉粒！大部分花粉会被风吹散，但总会有一小部分落在另一朵虞美人上受精。

熊蜂在花粉转播中也有贡献：它们用翅膀产生振动，震动花药，散播更多花粉。这种现象被称为蜂鸣授粉，有助于它们收集更多的养分，即富含蛋白质的花粉，同时也促进了花粉的散播。

Papavero 虞美人

多种传播策略

　　植物在进化过程中形成了许多不同的传播途径和方法，以此传播它们的种子。

　　有些种子只需一阵风就能飘到很远的地方，如虞美人、药用蒲公英和高山火绒草的种子。这种随风飘散的传播方式被称为"风媒传播"。

　　此外，如果种子是由动物传播，则称为"动物传播"。例如，海鞘的种子很容易附着在与它们不经意间接触的动物的皮毛上，被带去另一个地方。

　　一些植物的果实会自行散播种子，比如喷瓜、血红老鹳草。

　　还有一些非常特别的传播方式，比如蚁媒，即由蚂蚁长途运输种子。

　　你知道人类的活动也会产生种子传播吗？当我们在远离原生地区的土地上进行种植和贸易活动时，我们也有意无意地促进了植物在地球上不同地区之间的传播。

Papavero da oppio coltivato
培植虞美人

Papavero da oppio 虞美人

Malva

锦葵

Malva sylvestris

锦葵科　多年生植物
最高高度：100 厘米　花期：6 月至 10 月

　　锦葵常见于房屋附近、田野、花园和菜园中。花朵直径约 4 厘米，有 5 片心形花瓣，花瓣间距较大，颜色非常独特，花瓣上有深色斑点纹路，是像丁香花一样的、接近粉色的淡紫色。叶子呈圆形，覆盖着厚厚的绒毛，分为 5—6 个裂片，边缘有齿。圆盘状的果实由许多小果实（瘦果）组成，每个瘦果都含有一粒种子。

　　这种常见却不起眼的植物其实有着悠久的历史。自古以来，它就被用作食材和药材。考古发现的种子痕迹可追溯到公元前 3000 年！希腊人和罗马人都认识到了它近乎神圣的力量：毕达哥拉斯、西塞罗、贺拉斯、老普林尼以及后来的查理曼大帝等杰出人物都曾赞美过它。

　　在文艺复兴时期，锦葵被用于治疗多种疾病，因此被称为"包治百病"的药方。它的名字本身似乎就说明了这一点：Mal-va[1] 意为告诫人们远离不好的事物。时至今日，锦葵仍然是草药产品中最常见的药用植物之一。

你知道吗？

　　锦葵的希腊语名称"malake"来自 malakos，即"柔软"，指的是它的软化能力。它确实对皮肤和黏膜的舒缓和消炎都有明显效用。

　　这种功效得益于其黏液，尤其是叶子和花中的黏液，这种黏液可以保持水分以及在干燥时提供水分。涂在身体上，会给皮肤和黏膜涂上一层黏液，保护它们免受刺激。

Malva 锦葵

---

1 译者注：意大利语中 mal 指不好的事物，va 指走、离开。

Malva 锦葵

锦葵牙膏的配方

锦葵的食疗用途广为人知，它全株都可食用，通常作为芳香植物和蔬菜在菜园中栽培，可用于制作汤、煎蛋卷以及馄饨和馅饼的馅料。鲜花和嫩叶可以用来制作特殊的沙拉。

这种具有多种有益功效的植物在美容方面也有很多用途。这里有一个简单的配方，可以在家里制作以锦葵为原料的牙膏粉，它可以让牙齿和牙龈更健康。

一起试试吧?

牙膏粉

在家制作锦葵牙膏，你需要:
2 汤匙干薄荷 ❦ 1 汤匙干锦葵 ❦ 1 汤匙小苏打 ❦ 1 汤匙风干绿泥

用研钵和研杵或搅拌机将所有草药研成粉末。

将所得粉末与小苏打和黏土混合。

将混合物过筛后装入密封罐中。

牙膏以粉末状保存。

要获得我们常见的牙膏，只需将牙刷头润湿蘸取即可。

Pestello e mortaio 杵和研钵

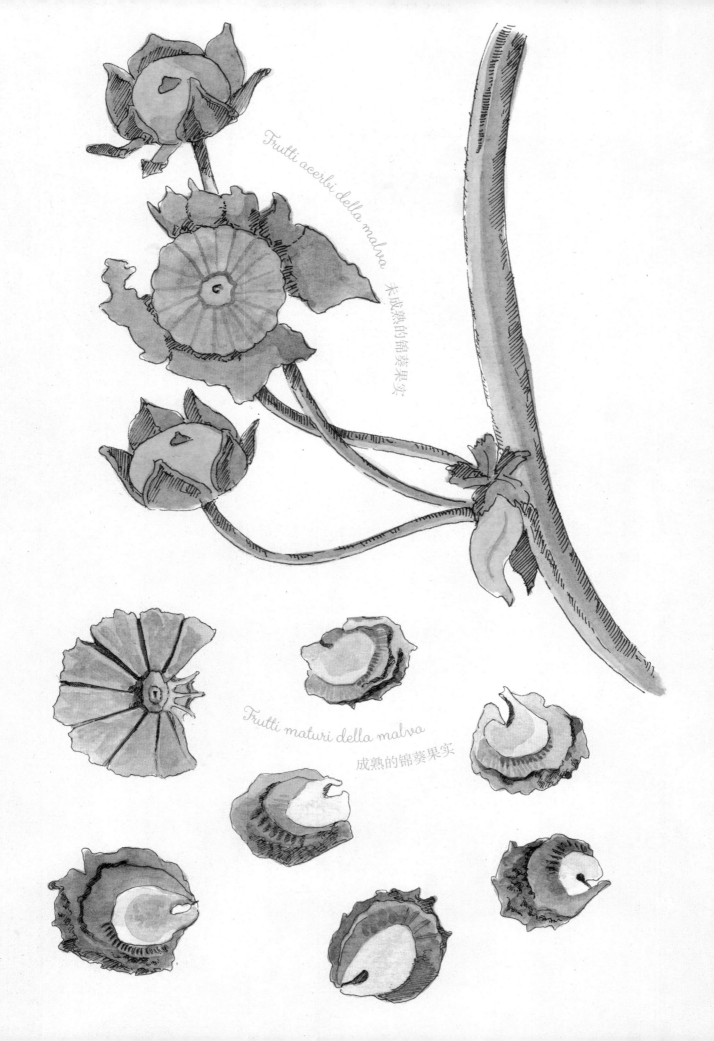

Frutti acerbi della malva 未成熟的锦葵果实

Frutti maturi della malva

成熟的锦葵果实

Viola del pensiero

三色堇

Viola tricolor

堇菜科　一年生或二年生植物
最高高度：15 厘米　花期：4 月至 9 月

　　三色堇是一种非常漂亮的小植物，可以在田野和树林边找到，令人惊讶的是，它还会在人行道的缝隙间露面，并且总是散发着淡淡的清香。

　　不同的叶子从匍匐的茎上长出，椭圆形或心形，边缘有齿，叶子形状取决于叶子的位置。花朵有 5 片不相等的花瓣，其中较低的大花瓣在基部延伸成一个花囊（花距），囊内含有花蜜。

　　拉丁学名中的"tricolor"显示花朵可能有 3 种颜色——紫色、黄色和白色——并以其中的 2 种或 3 种颜色生长出不同深浅色调和组合的三色花朵。这给予了园艺家灵感，多年来，他们培育出了大量色彩丰富的三色堇，用于装饰花园和露台。但这还不是全部，新鲜花朵还可以用来做沙拉或装饰菜肴。你在超市货架上见过它们吗？

　　它的近亲是香堇菜，拉丁学名是 Viola odorata。香堇菜也在春天开花，但它更喜欢灌木丛的阴凉环境。它是一种小型植物，心形叶丛覆盖着地面。花朵有五片深紫色的花瓣，散发着幽幽的香气，在香水业和化妆品业中非常受欢迎。它们还可以食用和用来装饰糖果。

你知道吗？

　　莎士比亚的《仲夏夜之梦》中推动情节发展的魔汁，据说就是爱神丘比特射出的一箭落在了三色堇上，从那以后，三色堇的汁液就成了一种爱情药水，将它挤到睡梦中的人的眼皮上，就可以让他爱上醒来后看到的第一个人。

　　正如它的名字[1]所提示的那样，三色堇花具有让人心系爱人的能力。

---

1 译者注：三色堇，Viola del pensiero，在意大利语中，pensiero 有想法、心意的意思。

Viola del pensiero 三色菫

食谱

结晶香堇菜

在家制作结晶香堇菜需要：
约 6 汤匙细砂糖 ❀ 1 个新鲜或巴氏杀菌鸡蛋的蛋白 ❀ 20 朵香堇菜[1] 花朵

在花朵绽放后立即采摘，采摘地点要干燥、无污染。

用叉子轻轻搅打鸡蛋蛋白，不要打起泡泡，然后用细刷子小心地将蛋白涂抹在每片花瓣上，包括正面和背面。

将花朵摆放在盘子里，撒上少许白糖。

晾干一段时间后，再撒一次糖，这样花朵的颜色仍然清晰可见，但花瓣已被完全覆盖。

将结晶香堇菜移到铁丝架上，避开湿气晾晒至少两天。

当你觉得它们的触感变得酥脆时，就可以食用或放入密封盒中保存了。

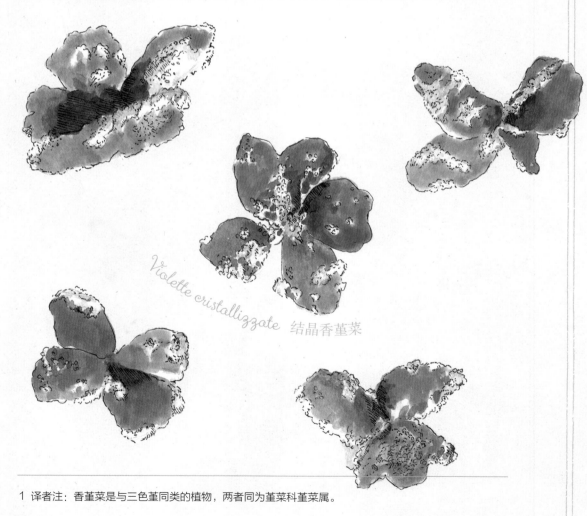

Violette cristallizzate 结晶香堇菜

---

1 译者注：香堇菜是与三色堇同类的植物，两者同为堇菜科堇菜属。

Viole coltivate 培植三色堇

Viola mammola 香堇菜

Verbasco

毛蕊花

Verbascum thapsus

玄参科　二年生植物
最高高度：180 厘米　花期：7 月至 9 月

　　盛开的毛蕊花是很引人注目的，鲜黄色的花朵聚集在大型穗状花序中，高高耸立在近 2 米高的茎干上，给人一种近乎不朽的感觉。

　　毛蕊花是二年生植物，第一年长出 30 厘米左右的大叶片，叶片呈披针形，边缘饱满；第二年，随着茎干生长，开花结果，上部叶片也开始生长，与基部叶片相似，越向上，叶片越小。

　　它的叶子和茎上覆盖着厚厚的白色绒毛，摸起来非常柔软。花朵直径约 2 厘米，由五片深黄色的花瓣组成，花瓣和雄蕊上也长有细毛。这些毛可以抵御食草动物的攻击，也可以抵御寒冷或过度日晒：简而言之，它们的功能与我们的衣服一样！

　　当所有的花都凋谢了之后，蒴果状的果实会一直留到秋天，果实被绒毛覆盖，每个果实的顶端都有一个短钩。果实上有许多纵向排列的槽口，其中的棕色种子细小而繁多，而且皱巴巴的。

　　过去，用毛蕊花的花和叶制成的草药茶被用来治疗咳嗽和感冒。著名的医生和博物学家卡尔·林奈最早尝试使用毛蕊花，使人们认识到毛蕊花具有祛痰和润肤的功效。这些功效至今已为科学研究所证实。

你知道吗？

　　毛蕊花具有发光特性，即它能将接收到的紫外线转化为可见光，从而显得更加明亮，以吸引传粉者。这一特性也被应用于化妆品中，这样，我们就可以用天然的成分制作出提高头发光泽及提亮肤色的产品了。

Verbasco 毛蕊花

Convolvolo

田旋花

Convolvolus arvensis

旋花科　多年生植物
最高高度：200 厘米　花期：6 月至 9 月

　　潜伏在树篱之间和田野边缘，攀附在其他植物的茎、篱笆和柱子上。这是一种箭形叶片和粉白色漏斗状花朵的植物，每天只开放几个小时，从黎明到傍晚。

　　在格林童话《圣母的小酒杯》中，据说圣母在帮助一个车夫解救陷入泥潭的马车后，用一朵田旋花喝下了车夫献给她的酒。从那时起，它就被称为"圣母杯"。

　　尽管它外表娇美，园丁和农民却认为它是田野和果园中的害虫。事实上，它的茎会以很快的速度缠绕在最近的支撑物上：不到两个小时就能完全缠绕在一起。有时它会蔓延到其他植物上，使其窒息。在地下，它的根会向各个方向蔓延，最深可达 2 米，因此很难把它连根拔起。

你知道吗？

　　为了更好地接触到阳光，田旋花会用尽一切手段向上攀爬。

　　一些植物的茎太细，无法保持直立，只能依附在现有的支撑物上。以田旋花的茎为例，它的茎和四季豆或紫藤的茎一样，都呈螺旋状缠绕，它们因此被称为"缠绕植物"。由于遗传原因，有些顺时针缠绕，有些逆时针缠绕。

　　不过，它们还有其他策略！为了攀爬，豌豆或西葫芦等植物会产生卷须，这是一种非常有弹性、像弹簧一样的螺旋结构。

　　洋常春藤靠气生根攀附。犬蔷薇则使用钩状刺。

　　美国藤本植物有类似吸盘的自粘性垫子。

Convolvolo 田旋花

Convolvolo 田旋花

Cardo dei linaioli

起绒草

Dipsacus fullonum

忍冬科　二年生植物
最高高度：2米　花期：6月至8月

起绒草常见于野外，从海平面地区到低山地区都有它们的存在。它们可以长到2米高，因此也是园林美化的常用植物。

通过它奇特的茎、带刺的叶片和由成干上万朵淡紫色小花组成的卵圆形花序，你可以很容易地认出它来。它的花序长在尖锐的苞片，也就是特殊的变异叶片上。

起绒草的花期是交错的，为传粉者提供了更长时间的花蜜，以确保传粉成功。第一朵花开在花序中央的环形区域，当这些花凋谢后，其他花朵会开放，在两端形成五颜六色的花带。

同样奇妙的是，对生的大叶子在基部连接在一起，紧紧抱住茎干，从而形成一个凹地，就像碗一样。

起绒草这个俗名可以将你带回到过去：它曾被纺织作坊用来梳理羊毛和亚麻。事实上，干燥的花序及其带刺的弯曲苞片既坚硬又有弹性，足以在纺纱前"梳理"羊毛。

你知道吗？

植物会受到各种侵略性"敌人"的威胁：毛虫和大型食草动物，还有细菌、真菌和病毒。然而，与动物不同，植物无法逃脱或躲藏。

那么，它们如何抵御这些攻击呢？有些会采取化学防御措施，有些会用难啃的"皮肤"覆盖自己，还有些会用刺毛或尖刺等天然武器来保护自己，就像起绒草那样。

起绒草的"盔甲"由坚硬、锋利、穗状的苞片组成，这些苞片可以保护花蕾和种子，但仍可使传粉昆虫光顾。

Cardo dei linaioli 起绒草

奇特的陷阱

起绒草还会使用另一种有效的陷阱：茎干插入处的叶片形成了一个小蓄水池，一下雨就会积满水，从而形成一个"入侵者"的环境，只要有昆虫或其他小动物入侵，它们就会掉进蓄水池里淹死。这很有用！

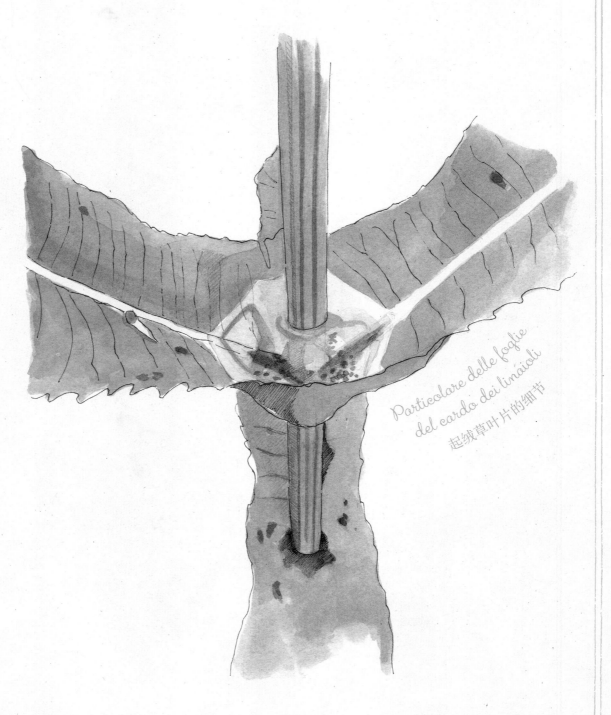

Particolare delle foglie
del cardo dei linaioli
起绒草叶片的细节

Portamento del cardo
起绒草

Borragine

玻璃苣

Borago officinalis

紫草科　一年生草本
最高高度：60 厘米　花期：4 月至 8 月

玻璃苣非常迷人，花冠呈星形，蓝紫色，有时也呈粉色或白色，花期在春季和夏季之间。玻璃苣有 5 片花瓣，在茎的顶端聚集成丰富的花序，花瓣的重量压得茎弯了腰。

它的叶片阔大，深绿色，有皱纹，呈椭圆长矛状，在植株基部呈莲座状排列，越在高处花枝上的叶片越小。

你可以很明显地看到，玻璃苣全身长满了浓密的白色刚毛（别担心，不刺人），在光线照射下会产生美丽的效果。玻璃苣的名字也许正是来源于这一特性：burra[1] 实际上是一种粗毛布料，在中世纪时用来制作斗篷。

玻璃苣是一种蜜蜂很喜欢的植物，广泛分布于乡村地区，海拔可达1200 米以上。它用途广泛，经常种在菜园里。玻璃苣的嫩叶是饺子和汤等传统地方菜肴的配料；从玻璃苣种子中提取的油具有净肤和润肤的功效，对皮肤很有好处。过去，人们把它用于饮料中，认为它能给人勇气和忘我的感觉，荷马在《奥德赛》中也提到过这一点。不过要小心，因为它可能含有一定的有毒物质。

你知道吗？

与其他同科植物一样，玻璃苣也开蓝紫色和紫粉色的花。

当花朵准备好传粉时，它会变成明显的蓝紫色，以提醒传粉昆虫，昆虫们也会找到更多的花蜜作为传粉奖励。传粉后，花朵再次变色，让昆虫知道不再需要它们了。

完美的系统！

---

1 译者注：burra 是意大利语 borragine 的拉丁语词源。

Borragine 玻璃苣

干旱草地上和废墟上的花

在干旱和炎热的环境中，例如在一些山坡上、森林砍伐区或维护不善的墙壁和悬崖缝隙间，你会惊奇地发现种类丰富的花草，它们非常适合在看上去艰难和荒凉的条件下生存。

这样的地方土壤很薄，养分和有机质匮乏，无法保持水分和肥力。下雨时，水很快就流失了；太阳一出来，水分又很快被蒸发掉。这样的地方通常没有树木，因为树木无法稳固根系，没有树叶的遮挡，尤其是在夏季强烈的日照下，土壤非常干燥，温度很高。

然而，石竹花、鹰爪豆等花朵艳丽的特殊植物，以及兰花和芍药等意想不到的稀有植物，在这里都长势不错。它们都在保持生态系统平衡中发挥着重要作用，是许多传粉昆虫的食物来源。它们都是为适应干旱的环境而不断进化的植物。

它们一般都有较长的根系，因此能够从深层土壤中获取生命所需的水分。为了不让吸收到的少量水分流失，有些植物，比如鼠尾草，叶子上长有厚厚的毛，可以反射太阳光，抵御风吹。有些植物能在烈日炎炎的夏季到来之前完成整个生命周期，包括种子的成熟，有时还会在秋季重复这一过程。有些植物将水分储备在肉质叶片中，如观音莲，有的存在鳞茎中，如白阿福花，以便在炎热的季节使用。

Ginestra odorosa 鹰爪豆

Peonia selvatica 药用芍药

Campanula raponzolo 食用风铃草

Semprevivo dei tetti 观音莲

Asfodelo 白阿福花

Orchidea militare 四裂红门兰

Salvia selvatica 草甸鼠尾草

Garofano dei Certosini 紫花石竹

白阿福花

Asphodelus albus

阿福花科　多年生植物
最高高度：120 厘米　花期：4 月至 6 月

　　白阿福花是一种广泛生长于草地、林地边缘和干燥牧场的植物，也能在海拔 1500 米左右的山区生存。与灯心草叶相似的叶子从茎基部开始生长，叶片狭长，甚至长达 70 厘米，上面覆盖着一层蜡质。也许你在冰箱里见过白阿福花，由于耐寒，人们有时用它们来包装水牛奶酪。

　　白阿福花的茎干很结实，顶部还有很多白色的六瓣花，花的中脉是棕色的，外形很优雅。

　　由于它的地下根茎非常粗壮，类似于萝卜的根茎，因此即使在干燥的土壤中也能生长。也许正因为它如此健壮和耐寒，白阿福花自古以来就与冥界联系在一起。事实上，白阿福花的属名 Asphodelus 在希腊语中意为"经久不衰"，就像我们对死者的记忆是经久不衰的一样。人们用白阿福花来装饰坟墓，认为它能点缀灵魂所经之处看见的景色，直到永远，而灵魂也能以白阿福花为食。荷马在《奥德赛》中提到了"不朽的白阿福花地"，而在离我们更近的文学作品中，如在乔瓦尼·帕斯科利和弗吉尼亚·伍尔芙的作品中，也能找到这种象征意义。

　　在遥远的过去，人们用白阿福花根来做食物。据说古希腊哲学家埃皮门尼德斯仅靠白阿福花根和其他草药就活了 150 多岁，真是不可思议！

你知道吗？

　　在"哈利·波特"第一卷中，魔药教授西弗勒斯·斯内普问过第一次制作魔药的哈利，将白阿福花根粉末倒入艾草浸液中会得到什么，答案是一种烈性的"生死水"，一种神奇的安眠魔药！

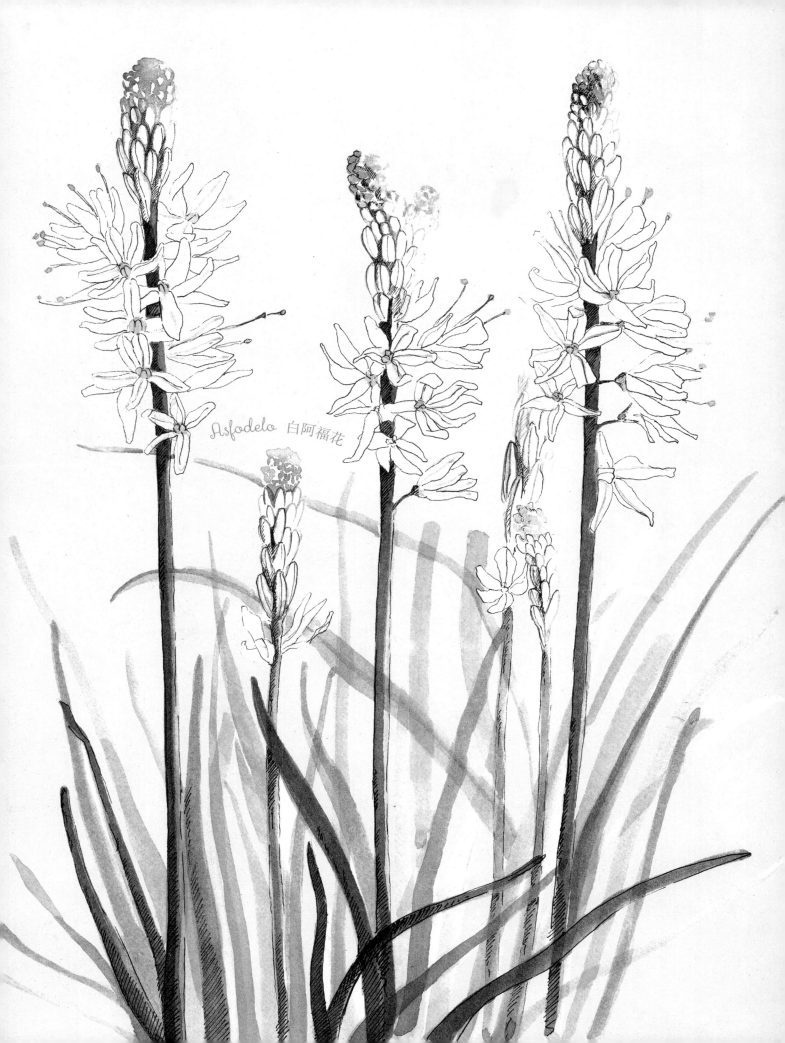

Asfodelo 白阿福花

Orchidea militare

四裂红门兰

Orchis militaris

兰科　多年生植物
最高高度：50 厘米　花期：5 月至 6 月

　　兰花不仅仅只是生活在热带森林中，如奇花异草般硕大、多彩、优雅……它们也存在于我们生活的土地上，尽管方式和特点不同。它们的异国亲戚大多凭借特殊的根系生长在树枝上，而四裂红门兰不同，它是陆生的，它的根扎在地下，花朵也小得多。不过，它们非常美丽，拥有无与伦比的各种形状和颜色。

　　四裂红门兰是欧洲现存的约 500 种野生兰花之一，而在全世界分布着多达 25000 种野生兰花。现在，由于不计后果的采集和环境退化，许多兰花品种已经变得稀有，因此包括种子在内的采集都已被禁止。四裂红门兰就是其中之一，它的花朵就像一个头戴钢盔的玩具士兵，这也是它的种加词 militaris[1] 的由来。翠绿色的披针形叶片部分聚集在茎的基部，形成一种被称为莲座的结构，其中一些叶子则像鞘一样缠绕在茎上。

　　所有兰花都很特别。兰花的唇瓣结构是兰花的一大特色，唇瓣通常比其他种类的花朵都要大得多，颜色也更丰富，形状也是多种多样：小人儿、昆虫、丝带、袋子、章鱼……

　　形状、颜色和香味是高效繁殖策略的一种表现形式，是为了吸引传粉者而长期进化而来的。

你知道吗？

　　有些兰花是可以食用的。原产于中美洲的香荚兰的干果种子是甜点中最广泛使用的配料之一，即香草。

　　它是一种深受喜爱但非常昂贵的香料，因为它需要长时间的专业手工加工。

---

1 译者注：四裂红门兰的种加词为 militaris，拉丁语中的意思为士兵。

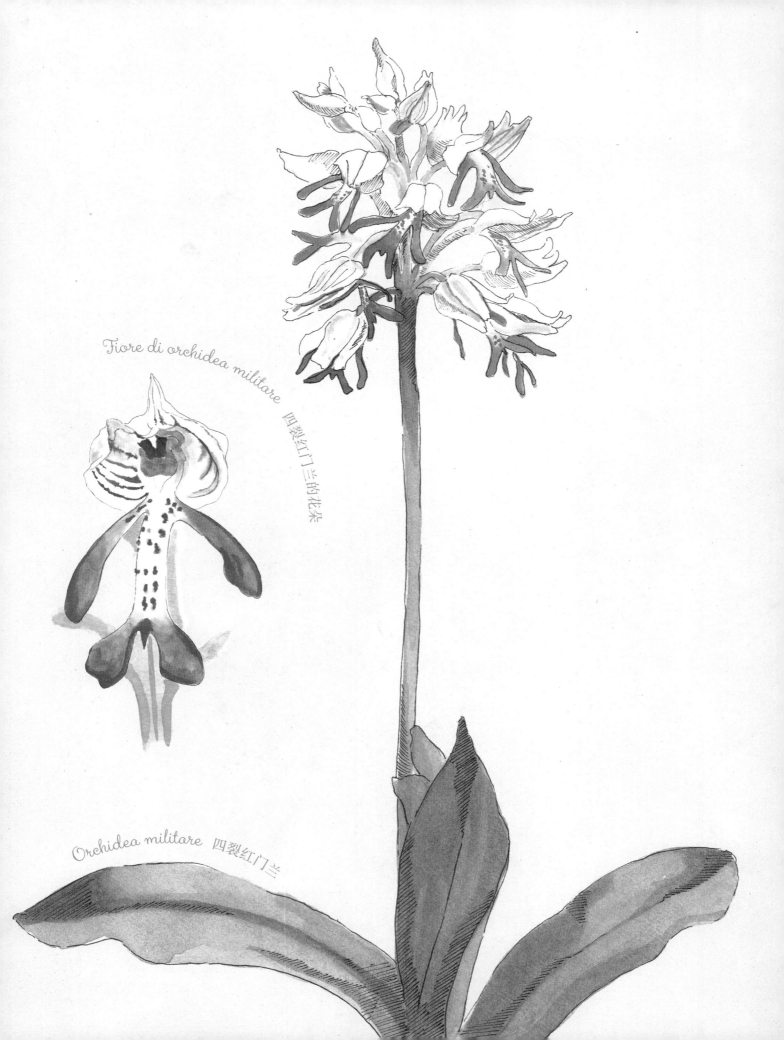

Fiore di orchidea militare   四裂红门兰的花朵

Orchidea militare   四裂红门兰

兰花还是吸血鬼？真让人难以置信！

"吸血鬼德古拉"（Dracula vampira）[1]，即墨线小龙兰，是生长在厄瓜多尔山区雨林中的一种兰花的学名。这真是一个奇特的名字！Dracula 的意思是"小龙"，这是因为它的花朵形状，但是，花朵紫黑色的脉络，加上这种植物生活在阴暗、植被茂密的环境里，又令人自然而然地将它与德古拉伯爵[2]及吸血鬼联系在一起。

这只是地球上野生的众多特殊兰花品种之一。兰花的姿态独特、优雅，也是一种用于商业目的的种植花卉。在很长一段时间里，只有懂得护理技巧、了解特定环境条件的人，才能种植兰花，因此当时的兰花价格昂贵。不过，用于观赏的兰花栽培技术已经有了很大发展，人们也逐渐选出了适合在普遍气候条件下生活的兰花。

怎么样，你想试试种植属于自己的兰花吗？

Orchidea vampira 墨线小龙兰

---

1 译者注：Dracula vampira，拉丁语意为吸血鬼德古拉，作为植物，译名为墨线小龙兰。
2 译者注：布拉姆·斯托克吸血鬼题材小说《德古拉》中的一位永远不死的吸血鬼贵族。

Fiori, frutti e semi di vaniglia
香草的花朵、果实及种子

Orchidea coltivata 培植兰花

Garofano dei Certosini

紫花石竹

Dianthus carthusianorum

石竹科　多年生植物
最高高度：50 厘米　花期：6 月至 9 月

　　紫花石竹广泛分布于地中海地区和山区，喜欢生长在干燥的土壤和岩石斜坡上。这种花为紫色，花期较长，在一年中的许多月份都散发着迷人的魅力。

　　花朵以 7 到 10 朵为一簇，组成花序，形成一个小花束。5 片深紫红色的花瓣边缘有齿，周围是深紫色的花萼。在基部有些木质化的茎上，长着间隔排列的线形叶子。

　　紫花石竹的名字 Garofano dei Certosini 源于卡尔特修会（Certosini），该修会的第一座修道院就位于西阿尔卑斯山的一个地区，而这种石竹花在自然界中非常常见。僧侣们起初在修道院的花园里种植这种植物，是为了治疗肌肉疼痛和风湿病，但此后人们逐渐不再使用。

　　与紫花石竹同科同属的康乃馨（garofano），在许多文化中都具有象征意义和历史意义。根据神话传说，一位年轻的牧羊人爱上了狩猎女神狄安娜，狄安娜却弃他而去。年轻人在绝望中死去，在他为爱人流下的眼泪中，诞生了白色康乃馨。

　　基督教有一个传说，圣母玛利亚在看到被钉在十字架上的耶稣时流下眼泪，眼泪落在地上时变成了粉色康乃馨。

你知道吗？

　　在花语中，每种颜色都能唤起不同的感觉：红色代表热烈，粉色代表温柔，白色代表忠贞。不过，最好不要赠送黄色或紫色康乃馨，因为收花人可能会不高兴，因为黄色康乃馨代表反感、失望，紫色的康乃馨则和任性有关！

Garofano dei Certosini 紫花石竹

令人称奇的康乃馨

康乃馨的花朵有着多种不同的颜色。19 世纪，拿破仑用红色康乃馨装饰骑士的绶带，而白色康乃馨则是君主制的标志。

在自然界中，康乃馨有 300 多个不同的品种，遍布世界各地，主要分布在温带地区。不过，还有更多的种植品种，可以用来装饰花园、阳台，或者作为切花组成优雅美丽的花束。

近年来，栽培植物供应商们热衷于生产各种颜色（蓝色除外）的康乃馨，以满足不同人的需求。不过，即使是初学者也可以种植康乃馨，因为除了浇水，它没有太多要求。

你听说过丁香（chiodo di garofano），尽管它的名字中带有"康乃馨"（garofano），但它与康乃馨所属的石竹科植物毫无关系。相反，丁香是一种非常芳香的香料，产自印度尼西亚的一种名为丁香的树。这种植物的花朵在含苞待放时就被采摘下来，晒干后看起来与康乃馨非常相似，因此这两种植物就有了相似的名字。

Garofani coltivati 培植康乃馨

Ginestra odorosa

鹰爪豆

Spartium junceum

豆科　多年生植物
最高高度：250 厘米　花期：5 月至 7 月

鹰爪豆是一种灌木植物，可以长到两米多高，它散发的香味和艳丽的花朵吸引着人们的注意，也预示着夏天的到来。豌豆、蚕豆、扁豆、鹰嘴豆等植物属于同科植物，我们经常食用它们的种子，不过，与这些植物不同的是，鹰爪豆的种子不能食用，摄入这种植物的任何一个部分，对人体都是有害的。

所有豆科植物都有一个共同的特点，那就是它们的花在结构上很像一只张开翅膀的蝴蝶。鲜艳的金黄色花冠由 5 片花瓣组成：上面一片较大，侧面两片较小的花瓣组成"翅膀"，下面两片花瓣在基部相连，包围着雄蕊和雌蕊。蜜蜂成群结队地飞舞在鹰爪豆花上，采集花蜜，酿造珍贵而芳香的蜂蜜。

鹰爪豆花的叶子是窄椭圆形或线状披针形的，上面是深绿色，下面是白色，因为上面覆盖着一层厚厚的绒毛，可以使表面湿润，以保证植物自身的凉爽。叶子的数量不多，间隔排列在高高的圆柱形茎上，茎的基部木质化并扭曲。

你知道吗？

将鹰爪豆的嫩茎浸泡后，会产生坚韧而富有弹性的纤维，以前，人们常用这种纤维制作绳索、垫子和麻袋，而产生的废料则用来填充床垫。

鹰爪豆的属名是 Spartium，源自希腊语 spartos，意为"纬线"[1]：这表明，过去，工匠们会用鹰爪豆茎中提取的纤维来制作粗布。

---

1 译者注：织布时有经线和纬线，纬线指横向排列的织线。

Ginestra odorosa 鷹爪豆

诗歌中的鹰爪豆

随着时间的推移，鹰爪豆成为许多传说和象征的主角。文学史上最著名的鹰爪豆，当属 19 世纪著名诗人贾科莫·莱奥帕尔迪诗歌中的那把鹰爪豆。诗歌的开头是这样的：

可怕的维苏威火山

具有毁灭性的力量

在它干旱的山坡上，

没有赏心悦目的树木和花朵。

在孤独的灌木丛周围，

散落着香气四溢的鹰爪豆，

它们甘愿生长在这样的荒漠里。

——选自贾科莫·莱奥帕尔迪的《鹰爪豆》

微小的植物生长在维苏威火山贫瘠的山坡上，虽然意识到在大自然的力量面前自我的渺小，但仍然顽强地扎根在那里。

Il vulcano Vesuvio 维苏威火山

Peonia selvatica

药用芍药

Paeonia officinalis

芍药科　多年生植物
最高高度：100 厘米　花期：5 月至 6 月

野生芍药约有 40 个品种，其中 13 种原产于欧洲。在这之中，药用芍药是分布最广的，但由于滥砍滥伐，药用芍药正变得越来越稀少，属于保护物种。

药用芍药是一种草本植物，能开出直径达 10 厘米的亮粉色花朵，让人联想到玫瑰，但它没有香味，植株也没有刺。到了春天，艳丽的花朵绽放后，很快就会自行凋谢，这种昙花一现的特性使药用芍药更加珍贵。药用芍药的叶子由几片小叶组成，上部翠绿，下部苍白并长满绒毛。

随着寒冷季节的到来，它的叶子和茎干会逐渐干枯，直至人们所能看见的部分全部消失，但留在地下的根茎则会确保它在来年重新发芽生长。

冬末，乍暖还寒时，新芽从土壤中萌发，呈现出鲜艳的红色，这种颜色可以保护它们免受阳光直射的伤害和寄生虫的侵害，随着植物的生长，这种颜色又会变成深绿色。

你知道吗？

芍药有着悠久的历史，是古希腊、罗马帝国、中国和日本神话中的主角。

据说芍药的名字（Peonia）源于奥林匹斯众神的医生派恩（Peon），他用芍药根治好了赫拉克勒斯给冥王造成的创伤。

如今，芍药的舒缓功效已得到科学研究证实，并用于化妆品中，生产出可缓解皮肤过敏的面霜和乳液。

Peonia selvatica 药用芍药

来自东方的魅力之花

在中国，芍药科、芍药属植物牡丹是高贵和优雅的象征，已经存在三千多年，被誉为花中皇后。史传隋炀帝喜爱牡丹，以至于每株牡丹的价格在当时高达 100 盎司（近 3 千克）黄金！

在西方园林中，牡丹作为观赏植物的历史要晚得多，始于 18 世纪。尽管牡丹花期不长，但它们千娇百媚，随着时间的推移，"植物猎人"们——植物学家、探险家、园艺家和植物爱好者——从未停止过从世界各地带回它们的种子或根茎进行培育。

人们从牡丹的野生品种中培育出了许多杂交品种和种植品种，这些品种花色千变万化，令人惊奇不已。如今，牡丹已成为我们花园中常见的花卉，有时，我们会忘记有些品种的确来自遥远的地方。

Peonia coltivata 栽培芍药

Peonia 牡丹

Salvia selvatica

草甸鼠尾草

Salvia pratensis

唇形科　多年生植物
最高高度：80 厘米　花期：5 月至 8 月

　　我们知道，药用鼠尾草既可以作为药用植物，也可作为芳香草药用于烹饪。煎炸后，它简直就是一道美味佳肴！

　　然而，并不是每个人都知道鼠尾草有大约 900 个品种！它们生活在世界各地，在大小、花色、叶片形状和香气方面千差万别。南美洲的一些鼠尾草高达 4 米！

　　在欧洲，迄今已发现约 40 种鼠尾草，其中包括草甸鼠尾草。草甸鼠尾草广泛生长在从平原到山地的开阔、阳光充足的地方。它的根可以深入土壤 1 米深，从中汲取生存所需的水分，很好地抵御干旱。

　　草甸鼠尾草的花朵是蓝紫色，有些是白色，在草丛中格外显眼。它们的一个显著特征是，形状让人联想到嘴唇：花冠有一个镰刀状的上唇，用于保护雄蕊和雌蕊，还有一个扩大的下唇，便于传粉者支持。花朵每 4 到 6 朵为一组，呈轮状、环状排列在茎干周围。椭圆形的叶片主要位于基部，长 6 到 12 厘米，有齿，略微起皱。

　　该科所有物种都有一个奇特的细节：茎干呈四角形，这种形状在自然界中并不常见。

你知道吗？

　　不少植物的花、叶和茎上都覆盖着腺毛，腺毛顶端呈圆形，富含精油，这种挥发性物质遇到轻微摩擦或温度升高时就会释放到空气中。所有种类的鼠尾草和同科的其他芳香植物——迷迭香、薄荷、百里香等，都有这种腺体。对我们来说，它们是美好的芳香气味，但对于其他食肉动物来说，它们可能是有毒的！

Salvia selvatica 草甸鼠尾草

奇特的传粉策略

　　当昆虫落在鼠尾草花上采蜜时，鼠尾草会启动一种机制，将两个雄蕊移向昆虫的背部，并将花粉洒到它们身上。昆虫飞向下一朵花时，粘着花粉的背部擦过柱头，从而开启鼠尾草的受精过程。

　　这种机制被称为"杠杆机制"，主要由蜜蜂和大黄蜂、黄蜂、苍蝇、蚂蚁进行，但在特定的热带栖息地，由鸟类进行传粉，例如蜂鸟，它们拥有特别长的喙和舌头。

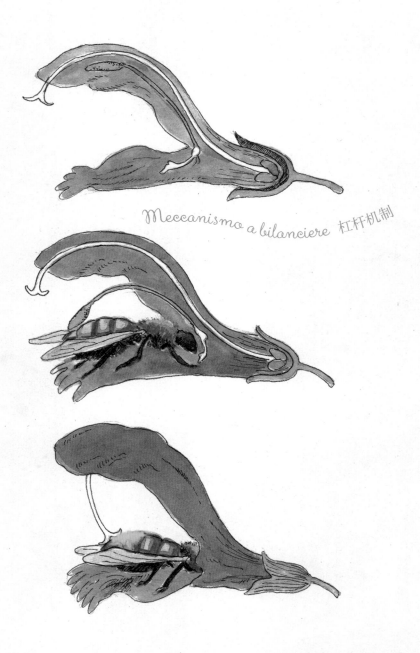

Meccanismo a bilanciere 杠杆机制

Salvia tropicale 热带鼠尾草

Campanula raponzolo

食用风铃草

Campanula rapunculus

桔梗科　二年生植物
最高高度：60 厘米　花期：5 月至 9 月

这种植物在田野和半山腰几乎随处可见。它的花朵带有淡淡的蓝紫色调，非常引人注目。花朵为 5 瓣，顶端向外弯曲，呈钟形。叶子簇生在茎的基部，披针形，边缘有锯齿，向顶端变小变稀。果实是一个蒴果，成熟后会释放出许多小而轻的种子，随风飘散。

今天，我们知道它含有丰富的维生素 C，自古以来这种植物就以其治疗功效而闻名，因为它利尿，对增强免疫力和抗炎很有帮助。

有些人通过嚼它的叶子来清洁口腔，有些人则用它来敷伤口。

它还可用于烹饪：略带苦味的叶片可丰富沙拉的味道，根茎可与其他蔬菜一起烹饪成菜肴或配菜。

你知道吗？

你听说过莴苣姑娘 [1] 吗？她是格林兄弟创作的著名童话故事中长着一头金色长发的主人公，这个童话故事发表于 19 世纪末，也曾改编作电影《长发公主》。童话讲述国王多次从粗暴的女巫葛朵的花园里，为怀孕的妻子采她想吃的风铃草浆果。葛朵为了惩罚他，带走了他刚出生的女儿，并给她起名为"莴苣姑娘（Raperonzolo）"。葛朵把莴苣姑娘囚禁在一座很高的塔楼上，当葛朵去看望她时，会让莴苣姑娘将长发从塔上放下来，她便可以沿着长发攀登到塔顶。

1 译者注：意大利语中，莴苣与风铃草同名。

Campanula raponzolo 食用风铃草

Campanula rapongola 食用风铃草

Semprevivo dei tetti

观音莲

Sampervivum tectorum

景天科　多年生植物
最高高度：50 厘米　花期：7 月至 9 月

这是被称为"多肉植物"的一大类肉质植物，包括常绿植物，它们因花朵和叶子的形状、颜色以及易于栽培的特性而备受青睐。事实上，它们都是耐寒植物，能够在极端条件下生存。

而且，你不必去往异国他乡也可以在野外遇见它们！在意大利的山区也能找到它们，尤其是在裸露的岩石上，它们凭借强壮的根系，甚至在最小的洞穴中也能安家落户。

观音莲与同属的植物一样，基部会生出许多叶丛，排列成一种称为莲座的结构。叶片呈披针形，肉质，蓝绿色，边缘有纤毛，顶端常是红色。叶片包裹着的茎干从莲座丛中生长出来，最终形成星形花朵，花瓣有 10 到 16 片，颜色从白色到黄色、粉色、绿色和紫色不等。

过去，观音莲新鲜叶片的汁液被用来治疗蚊虫叮咬和烧伤，也可用作滴眼液来治疗眼睛发炎，或用作漱口水来治疗口腔黏膜发炎。

它是力量和耐力的象征，人们相信它是一种具有神奇力量的植物：古罗马皇帝把它戴在头上，以防雷电；查理曼大帝下令将其作为避雷针，种在帝国的所有屋顶上。

你知道吗？

肉质的叶子可以让植物在没有水的情况下存活很长时间。

它们之所以被称为肉质，是因为它们将水分储存在细胞的液泡中，叶面还覆盖有一层不透水的蜡质层。

气孔是与环境进行气体交换的小开口，呈凹陷状，以免水分散失，它们在夜间打开，以控制热量的散失。

Semprevivo dei tetti 观音莲

Fiori di prati fertili e di pascoli

肥沃草地和牧场上的花朵

在意大利，距城市中心外不远处，人们经常可以看到肥沃的草地，即使是在丘陵地带和山丘间也有它们的存在。这些草地郁郁葱葱，景色优美，尤其是在花季，草地上鲜花盛开，色彩斑斓。这样的草场通常用来种植草药和其他饲料类植物，或者就是让牛羊吃草的地方。它们之所以被称为"半自然"，是因为它们是在人工干预下生长的，但与玉米田和大豆田等真正的农田不同，它们保留了许多自然生态系统的特征。

春天，从平原到山地，各种花卉竞相开放，既有雏菊和蒲公英等最常见的花卉，也有红口水仙等在野外并不常见的花卉。此外，还有一些在乡村传统中被用来配药的植物，如欧前胡和欧蓍草。

丰富多样的花朵为许多生物如蝴蝶等昆虫甚至鸟类提供了觅食和繁衍的地方。蜜蜂在花丛中采蜜，还能酿造出美味的蜂蜜，如"百花蜜"。

你可能会觉得有些奇怪，但刈草[1]期和动物牧群也有助于保持植物的多样性。事实上，如果没有养护工人定期割草和动物啃食，一些物种的植物会比其他物种生长得更茂盛。高毛茛就是一个例子。它们是草地上数量最多的物种之一，但即使在它们鲜嫩的时候动物也不吃，因为这时它的味道太酸了，并且有剧毒。

这些草地之所以如此肥沃，是因为肥料的持续供应和土壤中水分的存在。

---

1 译者注：刈草，指割草、除草。

Imperatoria 欧前胡

Ranuncolo 高毛茛

Colchico d'autunno 秋水仙

Margheritina

Millefoglio 欧蓍草

Tarassaco 药用蒲公英

Narciso dei poeti 红口水仙

Occhi della Madonna 石蚕叶婆婆纳

Colchico d'autunno

秋水仙

Colchicum autumnale

秋水仙科　多年生植物
最高高度：15 厘米　花期：8 月至 11 月

秋水仙的生命周期非常奇特。秋天，它的地下鳞茎会萌发出一朵娇嫩优雅的粉红色花朵，有 6 个花被片，但是，直到第二年春天，长长的肉质披针形叶子才会和果实一起从地里钻出来。它的果实是一个巨大的卵形蒴果，里面装满了深色的种子。在此期间，为果实提供养分的鳞茎会枯死，另一个鳞茎会在旁边发育，准备在第二年秋天孕育新的花蕾。

它也会通过传播种子来繁殖，种子上覆盖着一种黏性物质，会粘在路过的动物的爪子上，让它们无意中携带种子并传播开来。

秋水仙的属名 Colchicum 源于 Colchide，即科尔基斯，位于黑海之滨，在今天的格鲁吉亚境内。在希腊神话中，精通制造毒药的女巫美狄亚就住在科尔基斯。据说有一天，女巫无意中把一滴药水滴在了地上，从这滴药水中萌发出了秋水仙。

有吸引力的同时，秋水仙也很危险。它含有秋水仙碱，是世界上毒性最强的物质之一。同一栖息地的草食动物都知道要远离秋水仙。秋水仙的花朵与番红花的花朵相似，而番红花正是人们熟知的香料。因此，秋水仙也被称为"假番红花"。

你知道吗？

如果留心观察，区分秋水仙和番红花并不难。秋水仙有 6 个雄蕊，番红花有 3 个；番红花的柱头更长，呈鲜红色。

番红花在 3 月开花，而秋水仙在秋天开花；番红花是一种不易在野外生存的植物，大多为人工培育。

Zafferano 番红花

Colchico d'autunno 秋水仙

Narciso dei poeti

红口水仙

Narcissus poeticus

石蒜科 多年生植物
最高高度：50 厘米 花期：4 月至 5 月

　　水仙因其美丽的花朵和迷人的香味，自古以来就受到人们的喜爱，奥维德和维吉尔等诗人都曾写过它。

　　春天，从水仙的地下鳞茎中长出线形、灰绿色、有点肉质的叶子。不久后，茎上开出唯一一朵花，花朵由 6 个白色花被片和一个中央黄色、边缘呈波浪形的红色花冠组成。埋在土里的鳞茎可以保护花蕾免受冬季霜冻的侵袭，同时也是植物的重要营养储备。只要天气晴好，花蕾就会立即苏醒。不过，水仙球茎也有一个隐患，因为它含有对人类和动物有剧毒的物质。

　　水仙曾一度非常普遍，在草地上可以发现大量的水仙花：滥砍滥伐使野生水仙越来越稀少，几乎面临灭绝的危险，在许多地区，水仙都受到保护。人们经常种植水仙来装饰花园和露台，并提取其香精用于香水和化妆品。据说它的香味非常浓郁，会让人产生一种眩晕感。水仙的属名 Narcissus 可能源自希腊语动词 narkào，意为晕眩。

你知道吗？

　　这朵花总是微微向下垂着，似乎在凝视池水中美丽的自己，就像希腊神话中年轻的纳西索斯爱上了自己的倒影。传说中，这个美丽的年轻人因想触碰自己水中的倒影而掉进池塘溺死，于是众神把他变成了一朵花。

　　在意大利的传统中，水仙花象征着自恋和虚荣；在其他传统中，因为它的形状和金色的花色，人们将它看作春天受阳光偏爱而复苏的万物的象征。

　　在中国，它是吉祥与和平的象征，也被视为丰年的标志。

Narciso dei poeti 红口水仙

Ranuncolo

高毛茛

Rananculus acris

毛茛科　多年生植物
最高高度：100 厘米　花期：5 月至 9 月

　　高毛茛是草地和牧场景观的显著特征，其鲜艳的黄色花朵为草地和牧场增添了色彩，以至于在不同地区，高毛茛都有着同一个俗称：金纽扣。

　　如果我们凑近观察，就会发现它的每朵花都是由 5 片几乎闪闪发光的萼片、5 片花瓣以及无数金黄色的雄蕊组成的。

　　它的茎干略有毛发，内部中空，下部叶片分为 3 到 5 个高度凹陷的裂片，上部叶片较小，凹陷较少。

　　它的果实看似是球形，实际上是由许多被称为瘦果的小果实组成，每个瘦果都含有一颗种子，并在其一端形成一个弯曲的尖。

　　由于高毛茛整株植物都含有酸性汁液，有剧毒，因此，即使是食草动物也很少吃它们的叶子，除非把它们做成干草；它们所含的有毒物质是挥发性的，干燥后会完全消散。即使在高毛茛含有丰富的花蜜时，蜜蜂也不喜欢吸食它的花蜜。

　　很久以前，人们就知道这种植物对人类来说是有毒的，因此称之为"邪恶的草药"：即使只是简单的接触，也会导致皮肤起泡和发红。尽管如此，在传统菜肴中，一种特殊毛茛的嫩叶仍可作为食物适量烹饪食用。

你知道吗？

　　在传统习俗中高毛茛具有重要的象征意义。

　　据说，为了表示对母亲的敬意和尊重，年轻的耶稣把天空中最亮的星星变成花朵（高毛茛）送给了圣母玛利亚。

Ranuncolo 高毛茛

Ranuncolo. 高毛茛

同一属，许多种

毛茛属是一个很大的类群，有 400 多个品种，主要分布在欧洲、亚洲和非洲的温带和寒带地区。它们的栖息地非常多变：从草地到山间，从湿地到荒地，都能见到它们的身影。

人们认为，毛茛属（ranunculus）来自一个意为"蛙"的拉丁语单词，因为这种两栖动物就生活在沼泽中，因此人们以此来命名生长在沼泽中的毛茛。

而冰冻毛茛（Ranunculus glacialis）则创造了生存地的海拔纪录。事实上，它们生长在海拔 4000 米的阿尔卑斯山！之所以能够存活下来，是因为它们躲在积雪下，一年中有近 10 个月处于休眠状态，直到夏季到来，才能苏醒并完成生命周期。这种情况下，它们几乎没有时间进行繁殖，因此它们采取了一种有效的策略，将传粉昆虫引向花蜜和花粉更充足的成熟花朵，其他花朵的颜色则会从白色变为粉红色。对昆虫来说，白色是很有诱惑力的，也是告知昆虫它们准备好了；而粉红色对昆虫们不那么有吸引力，昆虫们不会被吸引，也就不会浪费它们宝贵的体力了。

在花园里，人们栽培了一种原产于安纳托利亚的花毛茛（Ranunculus asiaticus），它的花色非常丰富，有黄色、红色、白色，也有橙色和粉色。花卉业对它们非常感兴趣，它们因而被称为"花匠的毛茛"。例如，在意大利著名的里维埃拉·德·菲奥里（Riviera dei Fiori）海岸，毛茛是最吸引杂交研究者的植物之一，他们一直在寻找花朵更大、花瓣颜色更艳丽的毛茛。

Ranuncolo coltivato 培植毛茛

Ranuncolo glaciale 冰冻毛茛

Millefoglio

欧蓍草

Achillea millifolium

菊科　多年生植物
最高高度：70 厘米　花期：4 月至 11 月

欧蓍草会开有许多小花，花序被称为头状花序，最外层的花朵有白色或桃红色的舌状延伸；中间的花朵呈管状，白中带黄。这是所有菊科植物的共同特征。

蜜蜂和其他传粉昆虫喜欢到这些花朵上传粉（俗称"虫媒植物"），多亏它们采集的花蜜，它们能以此酿造出味道芳香的深色优质蜂蜜。干燥后的花和叶还可用于调制一些利口酒，在瑞典，还可用于啤酒调味。

欧蓍草细长坚硬的茎周围环绕着长达 20 厘米的叶片，叶片深裂，参差不齐，几乎像花边一样，因此，这种植物俗称 millefoglio[1]。

这只是欧蓍草属众多品种中的一种。欧蓍草属包含 100 多种植物，大小不一：平原上的品种高达 80 厘米，"矮小"的品种生活在海拔 3500 米的高山上。通过杂交培育出的色彩斑斓的品种还能用来装饰花园和阳台，或作为切花出售，是制作高雅花束的理想之选。

你知道吗？

欧蓍草的属名 Achillea 这个词，也指荷马史诗《伊利亚特》中的英雄阿喀琉斯，据说在围攻特洛伊时，阿喀琉斯曾用这种植物为同伴疗伤。

时至今日，在民间传统中，这种植物的叶子仍被用来制作医用敷料，以至于在某些地方，它被称为"割伤草"。

此外，它还有许多其他药用功效：助消化、止血、消炎、镇静，还可用于治疗某些女性疾病。

Millefoglio 欧蓍草

---

1 译者注：意大利语中，mille 指千，foglio 指叶子。

Millefoglio 欧蓍草

Occhi della Madonna

石蚕叶婆婆纳

Veronica chamaedrys

车前科　多年生植物
最高高度：30 厘米　花期：5 月至 7 月

春天，在已经长得很高的草叶间，这种小巧、常见又非常美丽的植物萌发出娇嫩的花朵。

由于它的地下茎（根茎）繁殖迅速，从根茎上会长出新的嫩芽，因此即使有固定的割草期，它也很容易在耕地和花园中蔓延。

在长有两排绒毛的细茎顶端，是一簇簇的花朵。它的花冠由 4 片浅蓝色花瓣组成，花瓣脉络较深，基部为白色。下部花瓣比其他花瓣小，颜色更柔和。

它的叶片没有叶柄，呈卵形，有锯齿，覆有浅色绒毛。其种加词 Chamaedrys 的意思是"小橡树"，正是指叶子的形状，与橡树的叶子相似。

欧洲有多个婆婆纳属的品种，广泛分布在森林、草地和高山上。其中一些具有治疗功效，如药用婆婆纳，又名"瑞士茶"——过去曾被用作治疗呼吸系统疾病的草药茶。婆婆纳经常被误认作勿忘我。除了植物学上的区别外，婆婆纳的花瓣更加娇嫩，采摘后不久就会脱落，而且凋谢得很快。

你知道吗？

石蚕叶婆婆纳的俗名是"圣母之眼"，这个名字来源于一个传说：圣母玛利亚带着儿子耶稣在鲜花盛开的草地上散步时，孩子渴了，但附近没有泉水。一朵白色的小花吸引了玛利亚，这朵花上有一滴露水在阳光下闪闪发光。那一滴露水足以解孩子的渴，而玛利亚湛蓝的眼睛则永远镌刻在了在这朵不起眼的花朵上。

Occhi della Madonna
石蚕叶婆婆纳

Occhi della Madonna 石蚕叶婆婆纳

Imperatoria

欧前胡

Peucedanum ostruthium

伞形科　多年生植物
最高高度：100 厘米　花期：7 月至 8 月

　　欧前胡属于一个非常庞大的家族，分布在世界各地，其中包括观赏植物、香料和许多我们日常烹饪时使用的蔬菜，如胡萝卜、芹菜和茴香。

　　整个家族都有一种特殊的花序，叫作伞形花序，花非常小，没有艳丽的色彩，只有黄白色，也没有气味！其中有些品种真的很难区分，甚至连植物学家也很难一眼认出它们。

　　欧前胡的伞形花序由大约 40 条伞形花序枝组成，每条花序枝上都开着数百朵白色小花。虽然花朵很小，但昆虫们还是很喜欢这家"餐厅"，因为既能吃找到丰富的花蜜和花粉，还能舒服地"坐着"用餐。

　　翠绿色的叶子大多分为 3 片小叶，小叶又分为 2 到 3 个裂片。叶背面的绿色较浅，摸上去叶脉粗糙。

你知道吗？

　　欧前胡一直用于民间医药。它的叶片尤其是根茎中蕴含有益人体的成分。主要用于制作利口酒或烈酒，既有风味，又有助消化；还能治疗感冒和咳嗽；嚼一嚼它的根茎能缓解牙痛和头痛；叶子可以治疗风湿痛、蚊虫叮咬和溃疡。

　　总之，这种植物对许多疾病都有很强的疗效，这从它的名字可见一斑：Imperatoria，来源于拉丁动词 imperare，意思是"统治"。

Imperatoria 欧前胡

欧前胡还是巨独活？

　　欧前胡可能会被误认为是巨独活，巨独活是欧前胡的同科植物，生活在相同的栖息地，毒性很强。当这种植物成年后，混淆它们的可能性就会大大降低，因为它可以长到 5 米高：与欧前胡相比，简直就是一个巨人！

　　19 世纪，植物学家在高加索山脉第一次发现这种植物时，就被深深吸引，并决定将一些种子带回欧洲。他们之前从未见过这么美丽、这么大的伞形科植物，就想把它献给他们的人类学家朋友保罗·曼特加扎。

　　巨独活的叶子参差不齐，长达 1 米多。高高的茎干上布满了铜红色的斑点，撑起了一把直径达 1.5 米的"伞"，伞上密密开着 10,000 多朵白色的小花！巨独活的学名 Heracleum 源自赫拉克勒斯[1]，显然是指它旺盛的生命力。巨独活的生命力非常顽强，一经种植，就能轻松找到最适合它生长的地方，无需任何形式的竞争，就成了 300 种外来入侵物种之一，并永久地扎根于此。

　　如果遇到这种植物，千万不要靠得太近。因为它们的汁液含有毒性化学物质，一旦接触皮肤，就会与光线发生反应，造成灼伤。抬头看看就行，千万不要触摸！

Imperatoria 欧前胡

---

1 译者注：赫拉克勒斯，Heracles，希腊神话中力大无比的英雄。

Panace di Mantegazza 巨独活

Tarassaco

药用蒲公英

Taraxacum officinale

菊科　多年生植物
最高高度：40 厘米　花期：3 月至 7 月

　　春天，蒲公英破土而出，将草地、牧场和人行道边缘染成金黄色，从平原到山区都是如此。蒲公英看似是单生花，实则由许多小花（头状花序）组成，是菊科植物的典型花序。它的花是舌状的，叶片有齿，簇生在茎基部。茎内空，就像一根稻草，孩子们以前会用来吹奏节奏欢快、充满活力的小号。

　　蒲公英在世界各地都很受欢迎，因此有很多俗名，仅在欧洲大陆就有数百个，都是根据它的特性或属性而起的。试着找出它在你生活的地方的叫法吧！

　　蒲公英成功遍布各地的关键在于它的传播策略，每一株都能结出多达 2000 粒种子，种子可以飞散到很远的地方，孕育出新的植物。蒲公英的种子上长有一簇细长的羽毛状细丝，就是蒲公英的种皮，看起来就像一个小降落伞，而且非常轻盈，只要一阵风吹过，就能飞出几千米远。

你知道吗？

蒲公英具有促进健康的功效，利尿、去湿，富含维生素。

它的叶子可以做沙拉生吃，也可以像菠菜一样煮着吃，做汤或做饺子、馅饼的馅料。花朵也可以生吃或烹饪，烹饪方法多种多样，例如，花蕾腌制后味道极佳，可以当作调味品食用。

Tarassaco 药用蒲公英

食谱

蒲公英蜂蜜

我们称之为蜂蜜，但它不是蜜蜂酿造的！
在家制作（7 到 8 瓶）蒲公英蜂蜜需要：
300 克花 🐝 3 杯水 🐝 2 个柠檬的汁 🐝 ½ 千克糖（最好是全蔗糖）

首先要采摘鲜花，最好是早上去没有污染的地方采摘。

去掉绿色部分后，在水中煮沸 5 分钟。

使用煮锅时一定要非常小心，要请大人帮忙！

熄火后静置一整天，然后过滤。

将滤液与柠檬汁和糖一起用小火煮至糖浆状。

倒入玻璃瓶中，冷却后放入冰箱保存。

Miele di tarassaco 蒲公英蜂蜜

Soffione 蒲公英

Margheritina

雏菊

Bellis perennis

菊科　多年生植物
最高高度：15 厘米　花期：3 月至 11 月

乍一看，雏菊像是单生花，花心是黄色的，花瓣长长的，呈白色，有时略带粉红色。实际上，它由数百朵小花组合而成，这被称为头状花序。很神奇吧？你仔细观察就会发现。

花朵中间是圆盘小花，边缘是管状小花，即"假花瓣"，其作用是吸引蜜蜂或蝴蝶等传粉昆虫，并形成有利于它们着陆的大面积表面。晚上，花头会闭合。大雨来临前也是如此。

椭圆形的绒毛状叶片生长在茎的基部，形成一种被称为莲座的结构，这种结构很紧凑，能使雏菊很好地固定在地面上，这样它们就不易受到食草动物的攻击和伤害。

有人说雏菊是一种不起眼的花，因为它们几乎高不出草丛，但它们也很顽强，因为它们能很好地抵抗割草和践踏带来的伤害。我们大多数人都很熟悉雏菊，从平原到山地都有它们的身影。它们几乎遍布全世界，而且花期很长，在寒冷季节后的第一缕暖意出现时就会开花。

中世纪的人们认为，雏菊是纯洁的象征，同时也具有预示未来的力量。

你知道吗？

雏菊富含维生素和矿物质，可以食用。

试着在沙拉中加入一些雏菊，会让人更健康，而且更漂亮！

你还可以用雏菊泡水喝，以缓解皮肤发红和眼睛灼痛。

Margheritina 雏菊

雏菊

"雏菊"这个名字通常也指许多与雏菊非常相似的花。它们都属于一个科，即菊科，这是自然界中包含植物数量最多的植物科之一，有 20,000 多个不同的品种，特征、大小和颜色各不相同。

这些花卉通常也是培植品种，即专门栽培和改良的品种，用于装饰房屋、花园和阳台，由苗圃和花店销售，包括非洲菊、普通雏菊、勋章菊、紫雏菊、波斯菊、金光菊、翠菊、大丽花、向日葵等的培植品种，你可以尽情选择！

在许多文化中，雏菊是幸福和快乐的象征，但在不同的国家，雏菊也有更特殊的象征意义。例如，在意大利，菊花是纪念逝者的专用花卉。

在一个晴朗的日子里
雏菊开满了草地，点缀着岩石。

——乔瓦尼·帕斯科利《长春花》，选自《新诗》，1909 年

Rudbeckia 金光菊

Dalia 大丽花

Gazania splendens 勋章菊

Cosmos 波斯菊

Echinacea 紫雏菊

Astro 翠菊

Margherita comune 雏菊

Gerbera 非洲菊

Fiori d'acqua
e di palude

水中和沼泽里的花

许多植物喜欢生活在池塘、湖泊、河流中或河岸上。有些植物，如睡莲，你只能看到叶子和花，因为它的茎和根都在水下，牢牢地固定在水底；有些植物则自由漂浮，被水流带着走；还有一些植物则完全浸没在水中，但不要把它们和藻类混为一谈（藻类不是植物！）。河岸上生活着黄菖蒲和千屈菜等物种，它们的茎和叶完全露出水面，而根部通常在水下。

水生环境中的植物为适应环境已经形成了一些特性，以便在这种特殊的地方生活。例如，你知道它们是如何呼吸的吗？它们可以直接从水中吸收氧气，或者，它们的茎由细小的管子组成，这样可以让叶片吸收的空气向下流动，到达沉入泥中的根部。

生活在水流湍急的河流附近的植物有大量的氧气可利用，但它们必须抵抗水流的力量，因而，它们的叶子有弹性且非常灵活，而平静水域中的典型物种则是圆而宽的叶子。为了保持悬浮在水面上的状态，浮叶会使用充满空气的气囊作为浮力辅助工具，气囊在浮叶表面的细毛内或中间。

在缺氧的水生环境中，未分解的死亡植物物质（泥炭）堆积在一起，形成了沼泽般的景观，表面长满了特殊的苔藓物种。在这里，你还会发现种类繁多的特别植物群，包括帚石南和一些肉食性植物，如捕虫堇。

Mazza d' oro comune
毛黄连花

Erba unta comune 捕虫堇

Brugo 帚石南

Ninfea bianca / 白睡莲

Salcerella 千屈菜

Altea 药葵

Nontiscordardimè 沼泽勿忘我

Iris acquatico 黄菖蒲

Iris acquatico

黄菖蒲

Iris pseudacorus

鸢尾科　多年生植物
最高高度：100 厘米　花期：5 月至 6 月

沿着运河和沟渠以及沼泽地带，广泛生长着黄菖蒲，也叫水生鸢尾。

它粗壮的根茎、错杂的根系附着在泥泞的地底并四处延伸，这些根系不仅是植物的营养器官，而且对环境也很有用：能够稳固河岸水土，吸收水中溶解的重金属，净化水质。

它的根茎上长有美丽的灰绿色剑形叶片，形成一种狭长的扇形，像鞘一样包裹着花茎。

和所有鸢尾花一样，水生鸢尾深黄色的花朵有着相当奇特、复杂和近乎庄严的形状：3 个宽大的椭圆形外花被片向下折叠，基部变窄，3 个小得多的线形内花被片向上伸展。

颜色对比鲜明的斑点和条纹为传粉昆虫提供了通往花蜜之路的线索，为它们提供了很好的落脚点。

秋季开花之后，果实发育成熟，无数种子落入水中，四处漂浮，然后找到合适的地方生根发芽。

水生鸢尾只是众多鸢尾花品种中的一种，鸢尾花的颜色都非常绚丽，就像希腊神话中彩虹女神伊里斯[1]从奥林匹斯山来到人间，给人类带来众神旨意时划过的彩虹一样。

你知道吗？

著名的法兰西百合花最早于 12 世纪中叶被路易七世采纳为皇室徽章，它正是生长在比利时莱斯河畔繁茂的水生鸢尾。

1 译者注：伊里斯的意大利语 Iris 与鸢尾同名。

Iris acquatica 黄菖蒲

寓意丰富的斑斓花卉

全世界有 300 多种鸢尾花。蓝色、淡紫色、红色、粉色和黄色是最美丽的颜色，但也有许多栽培品种具有迷人的色调和形状：它们可能长着荷叶边或卷曲的花瓣，或者拥有像胡须一样的毛发。多么稀奇的类型！

例如，西伯利亚鸢尾是一种原产于欧洲的植物，与水生鸢尾生长在相同的环境中，但现在越来越少见。它的花朵是非常美丽的蓝紫色，基部黄色。它如此美丽，如此具有装饰性，甚至会被误认作古埃及花园中人工培育的品种。

许多物种都被赋予了象征意义，受到过去诸多文明的喜爱。例如，法老图特摩斯三世热衷于植物学，我们可以在壁画里看到鸢尾花，他认为这种植物具有神奇的疗效。佛罗伦萨的城徽据说是一朵百合花，实际上，它是一种野生鸢尾花，生长于城市周围的山上，学名为法国鸢尾花。

从鸢尾花的根茎而非花朵中，可以提炼出一种有气味的物质，叫做"鸢尾黄油"，自古以来就用来制作最好的香水，虽然萃取过程漫长而费力，需要 3 年以上的时间，但最终可以得到世界上最好的香精之一。除了使用实际的精华外，它干燥的根茎粉末还可用于为滑石粉、香粉或内衣袋增香。在农村，还用来为葡萄酒增添特殊的香味。

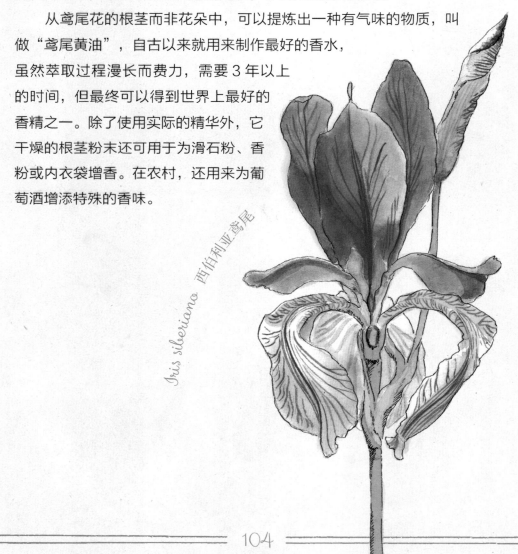

Iris siberiana 西伯利亚鸢尾

Iris cultivate 栽培鸢尾花

Ninfea bianca

白睡莲

Nymphaea alba

睡莲科　多年生植物
最高高度：200 厘米（包括沉水部分）　花期：6 月至 9 月

　　白睡莲无疑是欧洲最著名的水生植物，白色花朵很美丽，常常种植在公园和花园中。

　　白睡莲乍一看像漂浮在水面上的植物，但实际上它的叶片与长长的叶柄相连，叶柄与牢牢固定在泥底的根部相连；它们之所以能漂浮起来，是因为细胞之间有气孔。散发着淡淡香味的花朵直径可达 14 厘米，可能是欧洲植物群中最大的花朵。花朵由无数白色花瓣组成，花瓣呈螺旋状排列，越靠近中心花瓣越细长。

　　白睡莲受精后，长长的花柄向下折叠，将正在形成的果实带入底部。这样，种子就会在泥土中找到适合发芽的地方。

　　白睡莲大而圆的叶片上覆盖着一层薄薄的蜡质层，落在上面的水和灰尘很容易滑落，露出交换空气的必需开口。所有睡莲都有这一特性，这使睡莲看起来总是特别干净，这一现象被称为"莲花效应"。

你知道吗？

　　迄今为止，植物学家已经确认了 70 多个睡莲品种，它们野生于各大洲，尤其是热带和温带气候地区。在遥远的过去，睡莲就是很受欢迎的植物，几个世纪以来，睡莲作为水上花园的装饰植物而抵达世界各地。

　　有时，它们会逃逸到野生湿地，破坏许多水生生态系统的微妙平衡。睡莲具有很强的适应能力和竞争能力，因此，在意大利被视为入侵物种！

Ninfea bianca 白睡莲

大自然是灵感的源头

　　白睡莲是法老最喜欢的花：他们种植白睡莲来点缀宫殿，因为它们象征着纯洁和不朽；其他睡莲品种也有流传久远的象征意义，尤其是在远东和印度，莲花被视为神圣之花。睡莲也给作家和艺术家带来了灵感。法国印象派画家克劳德·莫奈在 20 世纪前后的几十年里创作了著名的睡莲系列作品（约250 幅），他说，在仔细观察睡莲后，他被睡莲深深吸引，再也找不到比这更好的绘画题材了。一朵花，就是一件艺术品。

　　睡莲的魅力和所传达的纯洁感，可能还得益于几个世纪以来众所周知的保持自身清洁的特性。20 世纪，科学家通过对纳米的科学研究，发现了睡莲赋予蜡质层自我清洁能力的特殊结构。这一特性启发了研究人员，他们制定出了用于建筑物、汽车和路标的蜡及油漆的生产技术解决方案，从而保证了这些物体表面的长期清洁。这是生物仿生学的一个例子，即研究和模仿自然界的过程和机制，从而获得对人类有用的解决方案。

Frutto del fior di loto 莲花果实

Fior di loto 莲花

Mazza d'oro comune

毛黄连花

Lysimachia vulgaris

报春花科　多年生植物
最高高度：150 厘米　花期：6 月至 8 月

毛黄连花与人们熟知的报春花及仙客来同属报春花科。

一簇簇美丽的金黄色花朵在湿地植被中格外显眼，很容易辨认。如果仔细观察，就会发现，它的钟形花冠由 5 片花瓣组成，花瓣基部相连，萼片边缘有一条橙色细线，茎和叶稍有毛。叶片为披针形，相当大，上面点缀着微小的深色腺体，其中含有的物质可以抵御食草动物捕食带来的伤害。果实是一个约 5 毫米的圆形蒴果，里面有许多皱巴巴的种子。毛黄连花拥有根状茎，也就是说，茎在地下生长并作为营养器官而存在，这使毛黄连花易于传播生长，并在草丛中形成大规模的五颜六色的斑块。

人们正是从毛黄连花的根状茎中以一种特殊的方法提取出了棕色染料，从气生根部分获得了黄色染料，这两种染料曾经都被用来染布。因此，这种植物被认为是染料植物之一。它还被作为园林植物栽培，因为它花色鲜艳，易于繁殖，甚至在最寒冷的时期仍能生存。

你知道吗？

毛黄连花是珍珠菜属，属名 Lysimachia，在希腊人和罗马人的文字中均有记载，为纪念色雷斯的医生和国王利西马科斯[1] 而命名，据说，是他发现了毛黄连花的治疗功效。

时至今日，在一些民间传统中，它仍被用来治疗肠胃疾病、出血和伤口，或作为一种舒缓剂使用。

它还被用作驱虫剂，尤其是对苍蝇和蚊子有奇效。

花朵的高浓度浸泡液可用于淡化金发，就像洋甘菊浸泡液一样。

Mazza d'oro comune
毛黄连花

1 译者注：珍珠菜属，Lysimachia，与利西马科斯 Lisimaco 词形相似。

Mazza d'oro comune
普通毛黄连花

Salcerella

千屈菜

Lythrum salicaria

千屈菜科　多年生植物
最高高度：120 厘米　花期：6 月至 9 月

整个夏天，在湖、池塘和沟渠的岸边都有千屈菜生长，形成大片深粉色的色块。它是一种半水生植物：根部扎入泥土中，始终与水接触，而大部分茎、叶和花则长期生长在水面上。水稻、纸莎草和红树等其他植物也以这种方式生存。

从根部长出高高的红褐色茎，基部半木质化，被绒毛覆盖着。茎的横截面有四条棱，即有四个边缘，就像鼠尾草的茎一样。叶片披针形，无柄，稍有毛，与生活在相同环境中的柳树叶片相似。

花有 6 片紫粉色花瓣，聚集在一起形成长长的花序，被称为穗状花序。

秋天，当蒴果状的果实成熟并开放时，会释放出许多小种子，这些种子通过水进行传播。这种传播方式称为水力传播。

你知道吗？

千屈菜除了用作花园观赏植物外，还可用于治疗出血和肠胃疾病。

它还具有染色功能：花和叶可用于制作为羊毛和棉花染色的天然色素。它的根系密集而发达，具有很强的过滤能力，因此被用作工厂的植物净化装置。蜜蜂和蝴蝶喜爱这种植物，从它们分泌的花蜜和花粉中获取营养，尤其是在开花不多的夏季。在它的原产地欧洲，人们认为千屈菜在许多方面都有用，但 19 世纪被引入美国时，它们成了入侵物种，威胁着当地植物的生存！

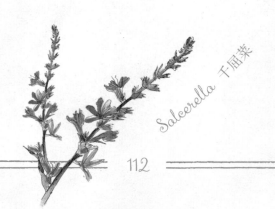

Salcerella 千屈菜

Salcerella　千屈菜

Nontiscordardimé

沼泽勿忘我

Myosotis scorpioides

紫草科　多年生植物
最高高度：70 厘米　花期：5 月至 9 月

　　沼泽勿忘我漂亮的深蓝色花冠谁人不知？它整个夏天都在潮湿的地方开花，如沟渠、芦苇丛、河岸和沼泽地。沼泽勿忘我的价值不仅在于它美丽的颜色，还在于它的质朴和生长能力。尽管个头很小，但凭借着坚韧的根茎——胀大的地下茎，勿忘我很容易向四处蔓延生长，占据所有可用空间，有时甚至具有入侵性。

　　沼泽勿忘我的花朵大小不超过 1 厘米，花序被称为蝎尾状聚伞花序，植物学名称"蝎尾草"就是由此而来。花朵沿着茎的顶端排成一排，但并不是同时全部绽放：离茎顶端最远的花朵先成熟，末端的花朵逐渐成熟，由于含苞待放的花朵较重，所以花序会像蝎子尾巴一样弯曲着。花冠由 5 片管状花瓣组成，花萼保护着花冠，花萼也是管状的，有 5 个尖，上面长有绒毛。花冠中央有一个黄色的环状结构，可以吸引传粉者。

　　植物学属名 Myosotis 在希腊语中是"老鼠耳朵"的意思，指的是沼泽勿忘我叶子的形状和上面浓密的绒毛很像老鼠耳朵。

你知道吗？

　　这种植物的俗名来自奥地利的一个传说。

　　据说，一对年轻恋人在多瑙河畔散步时，被水边生长的蓝色小花所吸引。年轻人试图摘下一朵送给心爱的人，却不慎滑落河中。

　　即将消失在波涛中时，他把花扔给了她，喊道："别忘了我！"这是一个悲伤的故事，但却饱含深情，于是，就有了把这种花送给爱人作为永恒爱情象征的传统。

Nontiscordardimè 沼泽勿忘我

Erba unta comune

野捕虫堇

Pinguicula vulgaris

狸藻科　多年生植物
最高高度：15 厘米　花期：5 月至 6 月

捕虫堇是一种肉食性植物，生活在潮湿的泥炭质草地、沼泽或泉水附近，不会出现在丛林或其他遥远的异国他乡。它生长在离城市不远的地方，不幸的是，由于人类活动对其栖息地的逐渐破坏，它在某些地区已经变得稀有。

它蓝紫色的花朵很像紫罗兰，底部较长的花瓣上有一个细长的突起，称为花刺。叶片排列在茎的基部，呈黄绿色，相当厚实，向上弯曲。仔细观察，叶片就像洒了油一样闪闪发光，因此俗称"油草"。这种效果是由特殊腺体分泌的黏性液体造成的，植物用这种液体诱捕昆虫，然后利用腺体分泌的酶汁消化昆虫。

如果食肉植物以昆虫和小动物为食，那么它们是否也会对我们造成危害？食肉植物真的像《恐怖小店》（1986 年）或其他科幻电影和书籍中描述的巨大吞噬怪兽一样的存在吗？

不！巨型食肉植物是人类可怕的敌人的传说，纯属文学或电影虚构！

你知道吗？

与我们所认为的恰恰相反，食肉植物并不罕见。迄今为止，人们已经记载了大约 600 种食肉植物，它们分布在世界各地。它们生活在土壤中氮和磷含量极低的地区，但氮和磷是它们赖以生存的重要矿物质，因此，它们以蠓虫、苍蝇、蜘蛛、蛞蝓和其他小动物为食，以补充所需矿物质。它们使用改造过的叶子制成的巧妙陷阱来捕捉猎物，这归功于数千年的进化。

Erba unta comune 野捕虫草

食肉植物与它们的猎物捕获策略

捕虫堇的黏性分泌物只是食肉植物诱捕猎物的几种可能策略之一。

维纳斯捕蝇草通过折断叶子来捕捉昆虫，叶子就像一张张锋利的牙齿，随时准备咬住猎物。

水生乌贼草有吸力陷阱，可以在游经它的小生物没有意识到危险的情况下吸住它们。

那么茅膏菜呢？它们的叶子很黏，触须状的叶毛上有黏糊糊的水珠，就像长在油腻的草地上一样，能困住被甜美花蜜吸引过来的昆虫。昆虫越是想逃，细长的叶片就越是向上弯曲，把昆虫包在里面并消化掉。

猪笼草属和瓶子草属的食肉植物有一种奇特的装置，叫做瓶状叶，就像底部装有消化液的容器，昆虫和其他小动物（如老鼠、蜥蜴或青蛙）会被它们鲜艳的颜色和甜美的花蜜气味所吸引，掉入其中而无法逃脱。

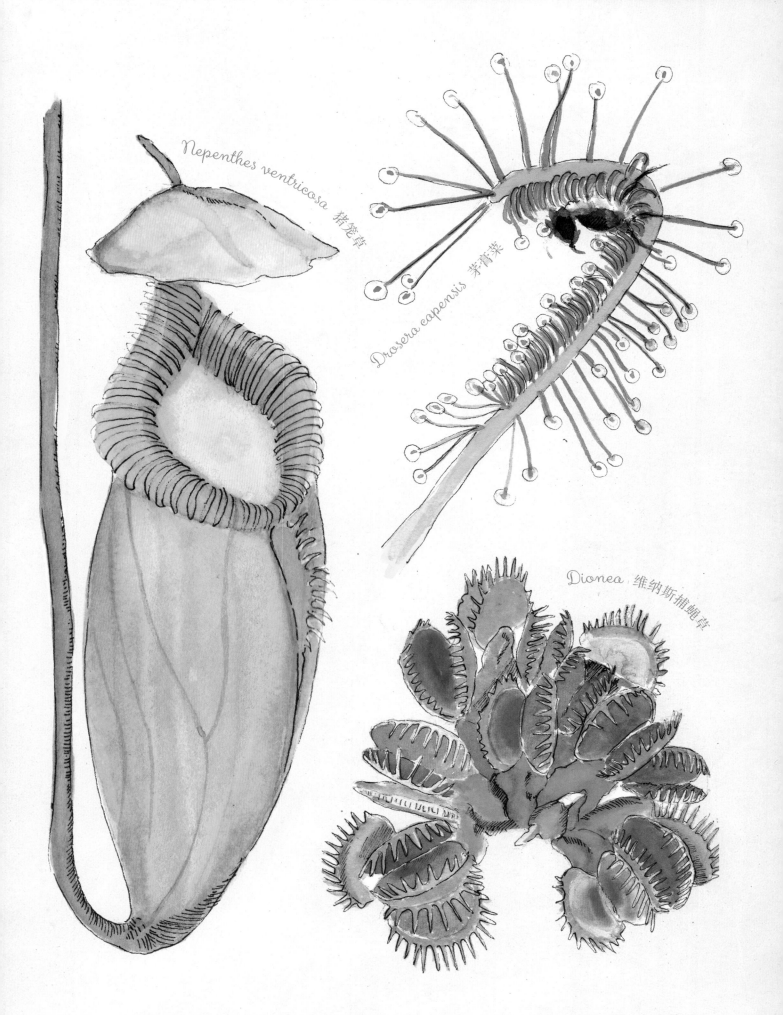

Nepenthes ventricosa 猪笼草

Drosera capensis 茅膏菜

Dionea 维纳斯捕蝇草

Brugo

帚石南

Culluna vulgaris

杜鹃花科　灌木
最高高度：100 厘米　花期：8 月至 10 月

盛开时，帚石南能完成一项神奇的壮举，将贫瘠荒凉的荒地变成一望无际的深粉色。这是何等壮观的景象！帚石南生长在四周满是强风，土壤酸性、干旱、缺乏营养的荒地中，是适应这些极端条件的各种植物中最有特色的物种，所以这样的荒地，被特称为石南及杂草丛生的荒地。

它毛毛虫形的茎木质化、坚韧、分枝多，可以抵御各种极端天气带来的伤害。叶子的形状像小针，几乎一片挨着一片，就像屋顶的瓦片一样，可以保护自己。

钟形小花的花萼和花冠为粉红色或紫色，有时为白色，每朵花由 4 片花瓣组成，在树枝顶端组成花序，全部朝向一侧。

蜜蜂非常喜爱帚石南花的花蜜。从帚石南花中提取的蜂蜜颜色深，味道苦涩但细腻，非常珍贵，对炎症和风湿病有很好的疗效。

帚石南花的浸液在民间被用作安眠剂和镇静剂。帚石南的属名 calluna 来源于希腊语 kalluno，意为扫除。在过去，它坚韧而有弹性的茎常被用来制作扫帚。

帚石南还可以用来点缀花园和阳台，花色有白色、粉色和紫色，叶色有红色和金色，品种繁多。

你知道吗？

帚石南可能会与欧石南混淆，它们非常相似，因为属于同一个科，而且欧石南的花期也是 2 月到 6 月。

我们来玩一个游戏吧，仔细看看它们，找出它们的不同之处！欧石南的花萼比花冠短，而不是更长；花冠的花瓣连在一起形成一个小圆桶，而不是分开的；较长的叶子是分开的，没有排列成瓦片状。

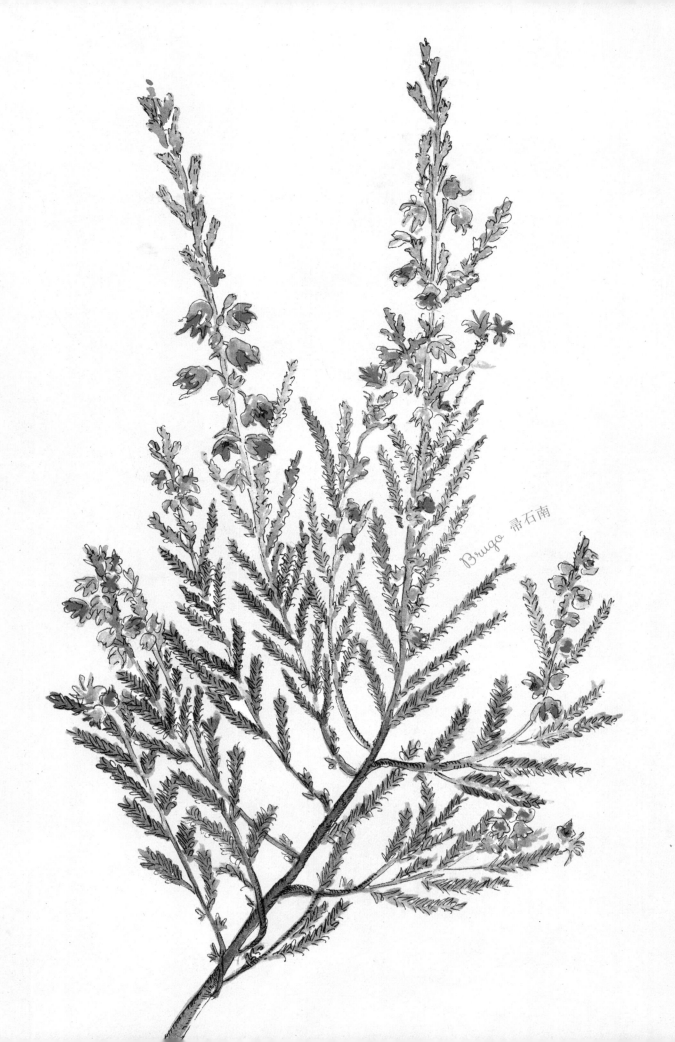

Brugo 帚石南

Altea

药葵

Althaea officinalis

锦葵科　多年生植物
最高高度：150 厘米　花期：6 月至 9 月

药葵以其独特的美丽和优雅，在潮湿环境的众多植物中脱颖而出：它的花朵有 5 片粉白色心形花瓣和紫色雄蕊，在高高的茎干上格外显眼，茎干可高达 1.5 米。何等风姿！何等气度！它的叶子柔软，呈白绿色；下部的叶子呈浅裂状，沿着茎的叶子呈椭圆形，顶部尖尖的。它的根又粗又长，肉质饱满，深深扎入地下。

药葵作为药用植物的历史非常悠久。古希腊人一定是看中了它的疗效才给它起了这个名字。[1]

它的根茎和叶片富含黏液质，这种物质有很强的消炎能力，并具有很好的镇静和软化作用，因此也用于制作化妆品。

药葵一直被用于烹饪，可以生食或熟吃，药葵的花朵和嫩叶都是沙拉、汤和香草烩饭的绝佳配料。请坐，你的药葵晚餐已经准备好了！

你知道吗？

由于沼泽是药葵的自然栖息地，在英语中，这种植物叫做"沼泽锦葵"（Marsh Mallow）。这个名字让人联想到某种令人垂涎欲滴的东西。[2]

19 世纪末，法国人用药葵根部的汁液，加上糖和蛋清，制作出了一种有点黏的食物——松软、有嚼劲的小糖筒，正是大名鼎鼎的美国棉花糖的前身。

20 世纪 50 年代，美国伊利诺伊州的亚历克斯·杜马克用新方法发明了棉花糖，使其成为一种工业产品，至今仍广为流行。

你一定吃过吧？

---

1 译者注：药葵，Althaea，源自希腊语动词 althomai，意为治愈。
2 译者注：英语中，两个单词连在一起是 marshmellow，意为棉花糖。

Altea 药葵

林间的花

　　在森林中，有许多高度和大小各不相同的植物，这就是为什么可以把森林分成"层"来观察，有点像观察建筑物的不同楼层，每一层都为许多动物提供了庇护所，从最大的到最小的，直至微生物。

　　森林中的光照并不多，因为几乎所有的光照都被树木拦截了，树木的枝叶伸展开来，高度可达 50 米左右，形成了最上层。根据气候、土壤类型和海拔高度的不同，可以生长松树、冷杉等常绿树，也可以生长橡树、栗树、山毛榉等每年秋季落叶、春季换叶的树木。再往下走，在中层，生长着更矮的植物，这些是灌木，如犬蔷薇、接骨木，它们只需要较少的光照。

　　再往下是花卉、蕨类、苔藓和真菌的领地，它们喜欢阴凉和潮湿的环境。

　　但黄花九轮草、雪滴花等品种除外，它们更喜欢光照。因此，早春时节，树木还没有完全长出树叶在上方形成阴影时，它们就会迅速开花结果，形成一片郁郁葱葱、色彩斑斓的"地毯"。这是一个繁茂的阶段，但在此期间，它们有可能成为饥饿的食草动物的上好点心，因为经过漫长的冬季，这些食草动物的食物很少；因此，它们会产生有毒物质来阻止食草动物。

　　它们的叶子也会很快枯萎。但它们不会死亡！在地下，它们的芽受到营养器官（如球茎、块茎或根茎）的保护，这些营养器官能让它们保持活力，在来年春天再次茁壮成长。

Rosa selvatica 犬薔薇

Elleboro bianco 黑嚏根草

Geranio sanguigno
血红老鹳草

Primula odorosa
黄花九轮草

Bucaneve 雪滴花

Aquilegia 欧耧斗菜

Mughetto 欧铃兰

Aconito 欧乌头

Mughetto

欧铃兰

Convallaria majalis

天门冬科　多年生植物
最高高度：15 厘米　花期：5 月至 6 月

欧铃兰以其精致的外形、洁白的花朵和甜美浓郁的香味而闻名，这种香味也使其成为著名香水的基本香精。它们是花园和阳台的常客，在阴凉处很容易生长，但在野外却越来越稀少，许多地区禁止采集。

白色的花朵是六角形的小铃铛，沿着茎单侧排列，茎被两片光滑的大叶包裹，叶片呈披针形，叶脉明显平行。

茎在地下扩展成细长但多汁的根状茎，即茎的根状变体，在土壤中水平生长，新植株从根状茎长出。

这是一些物种为扩大领地和繁衍后代而采取的发展策略。这是一种理想的解决方案，可以让植物抵御食草动物的啃食，同时还能抵御寒冷，只在有利的季节发芽。根茎还富含植物生长所需的营养物质。

你知道吗？

秋天成熟的欧铃兰果实是球形的红色小浆果，外表诱人，但和植物的其他部分一样，它们也有剧毒。要小心！

毒性是由一些物质引起的，如果在不知情的情况下服用，会非常危险。

但另一方面，适当剂量的欧铃兰对健康有益，可用于生产调节心血管系统的药物。

你可能会把欧铃兰和熊蒜弄混，后者是一种野生物种，可以食用，在烹饪中用作调味品。

它的叶子与欧铃兰的叶子相似，触摸时，会散发出浓烈的大蒜味。

Mughetto 欧铃兰

Bucaneve

雪滴花

Galanthus nivalis

石蒜科　多年生植物
最高高度：20 厘米　花期：2 月至 3 月

　　2 月，当最后一层雪还未融化，草地上的霜冻还很坚固时，雪滴花就开花了，预示着春天的到来。

　　每根茎上都有一朵下垂的花，花有 6 个花被片，外面的 3 个花被片是乳白色的，正如它的属名 Galanthus[1] 的字面意思一样。里面的花被片约有外面的一半长，顶端有一个绿色斑点，呈倒 V 字形。花朵散发着淡淡的气味，让人联想到杏仁或蜂蜜。

　　果实为卵圆形蒴果，内含许多小种子；这些小种子有一个非常吸引蚂蚁的赘生物，蚂蚁以其为食，最终传播了种子。一切尽在掌握！

　　它是最受欢迎的灌木丛植物之一，是重生和希望的象征，也是众多传说的主角。

　　根据其中一个传说，夏娃与亚当一起被逐出伊甸园，当夏娃发现自己身处一片白雪皑皑的景色中时，不禁怅然若失。这时，一位天使拿起几片雪花吹了吹，命令它们生根发芽，雪花一落地就变成了雪滴花。夏娃感到很欣慰。

你知道吗？

　　不要被雪滴花娇嫩的外表欺骗了！整株植物都含有毒性很强的物质——比如加兰他敏，但取很小的剂量可以用来治疗一些严重的疾病。

　　为抵御饥饿的食草动物在食物匮乏的漫长冬季醒来后进行攻击，仙客来、海葵、嚏根草等其他早开花的矮灌木品种也有毒性。

　　"嘿，爪子拿走！"

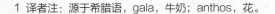

1 译者注：源于希腊语，gala，牛奶；anthos，花。

Bucaneve 雪滴花

怎么区别鳞茎、根茎、块茎

　　雪滴花属于球根植物，洋葱、水仙和郁金香等也属于球根植物。它们都有一个鳞茎，鳞茎的功能是滋养和保护嫩叶和花蕾，并为它们的发芽做好准备。

　　鳞茎是一个圆形结构，始终生长在地下，由一个短而扁平的变态茎（称为基盘）构成，根和许多变态叶（称为鳞片）从基盘开始生长并相互重叠。从鳞茎中心向外，鳞片先是肉质的，充满了储备物质，然后逐渐变薄，就像透明的羊皮纸，包裹着内部，保护着鳞茎。

　　除了鳞茎，还有其他类型的地下营养器官。例如，根茎是一种变态茎，像一个巨大的根，它在地下几厘米处水平生长，产生根和芽，然后长出气生茎（即生活在地面上），从而衍生出新的植物。姜黄和生姜等著名的植物都有根茎，你在非洲和亚洲的传统食谱中经常听到的香料就是用根茎制成的。另一方面，块茎可以是茎或根，膨胀后变成肉质、圆形或细长形，含有丰富的营养物质。从它们身上长出的线状根具有从土壤中吸收养分的功能，还能长出新芽。最有名的块茎是什么？马铃薯！

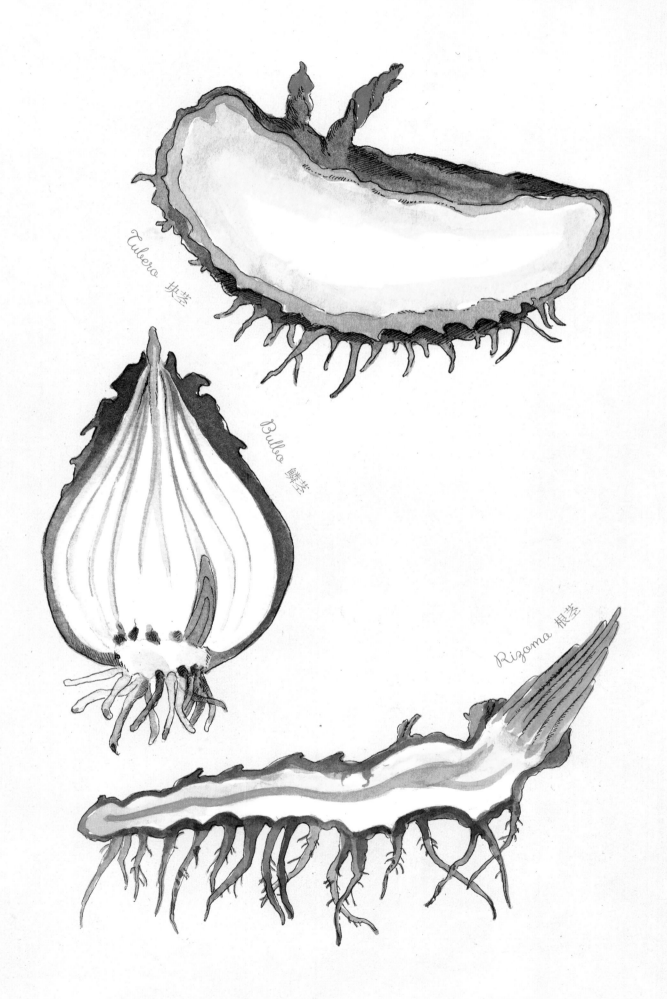

Tubero 块茎

Bulbo 鳞茎

Rizoma 根茎

Elleboro bianco

黑嚏根草

Helleborus niger

毛茛科　多年生植物
最高高度：30 厘米　花期：12 月至 3 月

　　黑嚏根草也称"圣诞玫瑰"，因为它的粉白色花朵带有金色花药，与野玫瑰的花朵相似，在冬季临近圣诞节时开花。花朵最显眼的部分是花萼，由 5 片大萼片组成，而花冠则非常小。花瓣实际上是花朵中央围绕雄蕊的浅绿色小圆锥体，它们已经变成蜜腺，是分泌花蜜的腺体结构，花蜜则是昆虫喜欢的甜汁，但只有熊蜂能用长长的"吻"深入嚏根草的蜜腺取食！

　　花期结束时，萼片会呈绿粉色，并结出特殊的果实——蓇葖果，成熟时，蓇葖果会打开，释放出大量种子。叶片在冬季不会脱落，呈深绿色，分为 8 到 9 片披针形小叶，叶缘呈锯齿状。

　　夏季，花蕾长在被称为根茎的地下器官中，根茎是变态茎，每年都会从根茎中长出根、新叶和带有红色斑纹的绿色茎干，茎干上开一朵花。它的种加词 niger 意为黑色的，指根茎几乎呈黑色。

　　和几乎所有的毛茛科植物一样，它也是一种剧毒植物，即使触摸他的花朵也是危险的！

你知道吗？

　　希腊神话中记载，既会治病又能占卜的墨兰波斯发现自己的羊吃了黑嚏根草后能排毒，就用黑嚏根草治好了阿戈斯国王女儿们的疯病。从那时起，几个世纪以来，这种植物一直被认为是治疗精神疾病的良药；事实上，它所含的物质会麻痹神经系统，毒性极强，可导致死亡！

Elleboro bianco
黑嚏根草

Elleboro bianco 黑嚏根草

Aconito

欧乌头

Aconitum napellus

毛茛科　多年生植物
最高高度：100 厘米　花期：6 月至 8 月

欧乌头既迷人又有毒，是已知的最厉害的毒药之一，触摸它是非常危险的。请远离它！

幸运的是，你可以通过它形状独特的深蓝紫色花朵轻松辨认出它。这些花朵由 5 片截然不同的萼片组成：背面的一片萼片呈头盔状，侧面的两片萼片呈椭圆形，下面的两片萼片呈披针形。简而言之，这是一个头戴头盔、手持盾牌和长矛的小战士！非常隐蔽的花瓣被改造成小蜜腺，里面含有花蜜。叶子分为 5 到 7 片小叶，叶脉清晰可见。

在古代，士兵们会在战斗前用欧乌头涂抹到剑和箭的尖端，这样就会给敌人造成致命伤口。在中世纪，人们相信这种植物是魔法药膏的主要成分，女巫们涂抹了这种药膏后，就能骑着扫帚飞去参加巫魔夜会，也就是她们与魔鬼的聚会。当然，这只是一种想象中的飞行，是她们使用的植物让她们产生幻觉。

如今，你可以在治疗感冒和神经痛的顺势疗法产品中找到欧乌头。

你知道吗？

欧乌头不仅在小说中经常提及，在电影和电视剧中也经常使用，比如在《狼少年》和《吸血鬼日记》中，就有使用欧乌头来对付狼人的故事。甚至连哈利·波特也知道欧乌头：它的根是狼毒药剂的成分之一！但这个想法从何而来呢？

事实上，古时的农夫经常向靠近羊圈的狼投掷浸泡在欧乌头根汁中的肉块，以此来毒杀狼，因此欧乌头根又得名"狼毒"。

Aconito 欧乌头

Rosa selvatica

犬蔷薇
Rosa canina

蔷薇科　多年生植物
最高高度：300 厘米　花期：5 月

作为美丽的象征，玫瑰已成为花园中的王后，花冠上的花瓣色彩丰富、形状各异，有的是自然杂交的结果，有的是几个世纪以来人为增加花瓣数量或区分花瓣颜色和结构的结果。

不过，玫瑰也可以在自然环境中野生生长，它们因 5 瓣花朵散发出的淡淡清香而与众不同。犬蔷薇也称狗蔷薇，灌木丛茂密，可以长到 3 米高，为乡村风景、小路和森林边缘增添一抹亮色。它们的枝干带刺，叶片由 5 到 7 片椭圆形小叶组成，叶缘有齿状突起，花朵呈 5 瓣心形，花色由白色渐变为粉红色，雄蕊为黄色。

花分 5 瓣是蔷薇科几乎所有物种的共同特征，许多知名植物也属于蔷薇科，但它们很难被称为玫瑰的亲戚：如苹果、梨、桃、樱桃以及覆盆子、草莓等！

初秋时节，红色的"浆果"代替了花朵，这不是真正的果实，而是假果，是花托（花朵的中心支撑部分）增大后形成的结构。在"假果"里面，我们可以看到真正的果实——瘦果，每个瘦果都含有一粒种子，外面包裹着蓬松的绒毛，会明显刺激食用者的黏膜。

你知道吗？

冬天，当犬蔷薇的"浆果"完全成熟，变得红润多汁时，你就可以采摘它们来制作美味的果酱、果冻、糖浆和花草茶，这些对身体都很有益：它们含有非常丰富的维生素 C 和矿物盐。

Rosa selvatica 犬薔薇

食谱

犬蔷薇果酱

在家制作犬蔷薇果酱 (3 瓶量)，你需要：
1.2 千克犬蔷薇浆果 ❦ 400 克冰糖 ❦ 1 个柠檬

将"浆果"切成两半，去籽和内部绒毛，放入锅中，加适量水煮沸，煮约
20 分钟，直至其变软。

使用炉子时一定要小心，并找大人帮忙！

沥干水，搅拌至顺滑。过滤后再次煮沸，每次加入少许糖，并不断搅拌，再
加入少许磨碎的柠檬皮。大约 25 分钟后，果酱达到理想的浓稠度，关火，
趁热装入消毒过的瓶子中。

在瓶子上贴上个你喜欢的标签，写上制作日期。

Rosa coltivata 培植玫瑰

Primula odorosa

黄花九轮草

Primula veris

报春花科　多年生植物
最高高度：20 厘米　花期：4 月至 6 月

黄花九轮草以其甜美的花香而闻名，在寒冷季节结束时、春天来临前开放，预示着春天的到来。

花朵呈花序状，5 到 15 朵一簇，开在无叶茎的末端，像一个小花束。花冠下垂，5 片鲜黄色的心形花瓣连接在一起，内侧染有橙色条纹。每个花冠都有一个由管状萼片组成的花萼支撑，萼片边缘有齿。茎基部有许多天鹅绒般的椭圆形长圆形叶片，长达 15 厘米，边缘有齿，叶脉非常明显。

花序的形状让人联想到一串钥匙，因此有这样一个传说：圣彼得从天上掉下了天堂的钥匙，于是第一株黄花九轮草就在那里萌发了。在德国，黄花九轮草被称为"天堂的钥匙"，而在英国的一些地区，黄花九轮草则被称为"一串钥匙"。

另一种流行的说法是，它们是进入仙界的钥匙。无论谁发现了刻在岩石上的仙境之门，只要用一束黄花九轮草轻轻触碰，就能打开这扇门。但是，首先要猜出魔法仪式要用到的黄花九轮草数量，否则就会有麻烦！

你知道吗？

这种植物与它的近亲——德国报春花有着同样的治疗功效。在许多古籍中称之为药用报春花，如今人们仍使用它治疗咳嗽、支气管炎，放松神经系统。

在北欧，人们用报春花烹制放松身心的花草茶。

它的嫩叶既可以生食，也可以熟食，而花则可以用来制作芳香葡萄酒或蜜饯、美味糖果。

Primula odorosa 黄花九轮草

Geranio sanguigno

血红老鹳草

Geranium sanguineum

犌牛儿苗科　多年生植物
最高高度：50 厘米　花期：6 月至 8 月

血红老鹳草是一种野生植物，花朵和叶片都非常漂亮，叶片呈独特的几何形状。夏季，血红老鹳草的花期很长，优雅地点缀着阳光充足的林地。

花冠由 5 片相同的花瓣组成，颜色鲜艳，从深粉色渐变到紫红色，花瓣上的叶脉颜色较深，形成鲜明对比，使花瓣看起来几乎是透明的。

叶片呈掌状，叶脉明显地从中间辐射延伸开来，分为 6 到 7 个裂片，几乎切到基部。仔细观察，你会发现它们的细节非常精细，就像蕾丝花边垫子！花期结束时，果实会由绿色变成鲜红色，种加词 sanguineum 意为"血红色的"，也许就是由此而来。

果实的结构也很奇特，包含 5 粒种子，每粒种子都有一个外壳，并与一根长而坚硬的花丝相连。当果实成熟时，花丝变干，突然卷曲起来，迅速把种子向上带起，抛向远方。

这就是众多巧妙的种子传播策略中的一种，它们的种子被认为是植物的流浪者，其使命是传播创造新植物所需的遗传物质。

你知道吗？

包含血红老鹳草的老鹳草属，它的名字源于其果实的特殊形状，酷似老鹳——一种大型而优雅的涉水鸟——的嘴。

事实上，"老鹳草"源于希腊语 gheranos，意为"灰鹤"，这一名称在希腊医生、植物学家迪奥斯科里德斯的时代就已经使用了，迪奥斯科里德斯生活在公元 1 世纪的尼禄统治下的罗马，是一位研究植物及其有益特性的学者。

Geranio sanguigno
血红老鹳草

老鹳草还是天竺葵？

血红老鹳草与众所周知的艳丽的多色花是亲戚，这些多色花通常装饰着我们的阳台和窗台、城市广场及公园，在山区国家也是非常常见的观赏花卉。

我们误称它们为"老鹳草"，但它们实际上叫做"天竺葵"，属于天竺葵属，在苗圃、市场摊位甚至在超市里都能看到它们的身影。

天竺葵和老鹳草同属牻牛儿苗科。它们有许多共同点，尤其是果实的形状，像鸟的头。事实上，就连"天竺葵"这个名字也来自希腊语 pelargos，意为"鹳"。但是，它们的花朵不一样。老鹳草的 5 片花瓣都是一样的，而天竺葵的花瓣却不一样，上面 2 片，下面 3 片，花瓣的大小、形状和颜色也各不相同。

此外，天竺葵来自非洲，并不是所有的天竺葵都能适应欧洲的气候；相反，老鹳草是非常耐寒的植物，很容易适应环境，既能承受高温，也能承受低温，在零度以下也可以存活。

一个有趣的现象：据说，老鹳草在北美洲的传播是受到了 18 世纪末托马斯·杰弗逊（不久后成为美利坚合众国总统）强烈热情的鼓励。杰弗逊在一次欧洲之旅中认识了这种花卉，印象深刻，就想在自己的国家推广这种花卉。

Frutto del geranio sanguigno
血红老鹳草的果实

Pelargonio coltivato 培植天竺葵

Aquilegia

欧耧斗菜
Aquilegia vulgaris

毛茛科　多年生植物
最高高度：80 厘米　花期：5 月至 7 月

　　欧耧斗菜一眼就能辨认出来：每根茎上有 3 到 6 朵花，颜色从天蓝色到紫色不等，由 5 片萼片和 5 片花瓣组成，花瓣交替出现，几乎重叠在一起，但又清晰可辨。花瓣形状奇特，顶端呈钩状，即"花距"。然后，从花的中心会长出一簇黄色的花药，围绕着 5 个雌蕊。真是一个独具匠心的小家伙！叶片基部叶柄较长，形成圆形裂片，上部叶片逐渐变小，呈披针形。

　　欧耧斗菜的顶端呈奇特的钩状，与鹰的喙或爪子相似，也许它的名字就来源于此，因此博物学家认为欧耧斗菜具有使视力像猛禽一样敏锐的特性，但不要把这当作可靠的消息——科学研究从未证实过这一点！

　　欧耧斗菜被认为具有镇静和抗感染的特性，有伤口时使用。不过要注意剂量，如果失控是有毒的。不要招惹"猛禽"！

　　从大自然中的花朵中，人们选择了许多不同颜色和形状的品种来装饰花园和阳台：白色、紫色、粉色……

你知道吗？

　　花蜜是植物为吸引传粉动物而分泌的甜而黏稠的液体，由称为蜜腺的腺体分泌，根据植物种类的不同，蜜腺分布在茎或叶上，但最常见的是分布在花中，通常在雄蕊基部、子房或花瓣上，在这里，昆虫更容易用花粉把自己"弄脏"。

　　欧耧斗菜的情况非常特殊，因为它的蜜腺位于距花瓣末端的腔室中，只有长着长舌头的昆虫才能进入！

Aquilegia 欧楼斗菜

Fiori di montagna

山间的花

从活泼的龙胆到高雅的杜鹃，山花种类繁多，形态各异，色彩斑斓，美不胜收。

山花的存在令人难以置信，尤其是那些生活在高海拔地区的物种：一年中有长达 8 个月的时间都在下雪，强风、低温和强烈的阳光只是它们必须应对的一些极端条件。然而，它们经受住了考验，绽放时，高山更加迷人了。

随着海拔的升高，山地植物的体积逐渐缩小到几厘米，以保护自己免受强风的侵袭，因为强风会折断它们的枝和茎。

它们还采取其他有效策略来抵御风雨。在某些物种中，如无茎蝇子草，花朵相互紧靠，紧密成群，形成真正的植物垫。通过这种方式，它们还能保持生存所需的水分，抵御干旱。因为不仅沙漠缺水，山区也会缺水，因为山区长期处于积雪或结冰状态，根系无法吸收其中水分。在温暖、晴朗的日子里植物也会缺少水分，因为强烈的阳光和风会很快使叶子变干。因此，高山火绒草的叶片上覆盖着一层厚厚的银白色绒毛，既能防止水分过度蒸发，又能抵御寒冷。

山区的雨季持续时间很短，因此生长在这里的植物必须在很短的时间内生长、开花和结籽。为了吸引少数勇敢的传粉昆虫上山，山间的花要在昆虫（和我们！）面前展示各种奇妙的形状和色彩。

Rododendro 欧洲杜鹃

Stella alpina 高山火绒草

Silene a cuscinetto 无茎蝇子草

Genzianella 无茎龙胆

Pennacchi di Scheuchzer
羊胡子草

Camedrio alpino 仙女木

Pulsatilla 高山白头翁

Arnica 羊菊

Pennacchi di Scheuchzer

羊胡子草

Eriophorum scheuchzeri

莎草科 多年生植物
最高高度：30 厘米 花期：6 月至 8 月

羊胡子草是一种非常奇特的植物，没有任何类似花瓣的特征。在经过泥炭沼、湿地或池塘边等潮湿的山区时，你可能会注意到它的雪白羽状花序（而不是花瓣）形成的密集"地毯"。

实际上，这些绒毛也是许多小花，它们聚集在花序中，成熟后会长出许多闪亮的丝状白毛，使植物呈现出特有的绒球状外观。这些丝状的绒毛就像种子的"降落伞"，种子会漂浮在空中，并从母株散落到新的地方。

属名 Eriophorum，羊胡子草属，来自希腊语，意思是"毛发携带者"。而 Scheuchzeri 这个种加词则是为了纪念 J. J. Scheuchzer， 17 世纪瑞士的一位医生、博物学家，也是最早探索和研究阿尔卑斯山地区自然环境的人之一，因研究化石而闻名。

羊胡子草是一种根茎植物，即地下茎膨大，变态成营养器官，每年长出根和茎，在土壤中水平蔓延，形成群落。

在一些国家，由于人类调节水源、过度放牧和牲畜践踏，或将其收集用于植物采集和其他用途，对羊胡子草的栖息地造成了影响，使得这种植物成为稀有物种。

你知道吗？

几个世纪以来，在北欧，这种植物的花朵可制作蜡烛芯及填充垫子。它还生长在北极圈、格陵兰岛和冰岛的湖泊海洋沿岸，几个世纪以来一直被土著人用于制作伤口敷料。

Pennacchi di Scheuchzer
羊胡子草

Pennacchi di Scheuchzer
羊胡子草

Stella alpina

高山火绒草
Leontopodium alpinum

菊科　多年生植物
最高高度：10 厘米　花期：7 月至 9 月

　　它是阿尔卑斯山的皇后，因为它是最能体现娇嫩植物与高海拔恶劣环境和谐共存现象的物种。

　　它的基部长出小莲座状叶片，花序长在短茎上，中央花盘上有密集的黄色管状花，外围则是乳白色的片状花。它通过根茎（茎的变态）固定在土壤中，确保能最大限度收集到环境提供的少量养分和水分。花朵上还覆盖着厚厚的绒毛，这是在干旱环境中限制蒸腾作用的一种生存策略。

　　高山火绒草能忍受长时间的低温、巨大的温差、持续的大风，也能忍受高海拔地区强烈的阳光和紫外线照射。

　　高山火绒草是一种受保护的物种，禁止采摘，保证了它的再繁殖。在小径、自然公园和高海拔徒步旅途中都能看到它的身影。

　　深受人们喜爱的高山火绒草，也是装饰阿尔卑斯地区花园和阳台的栽培品种。这种有代表性的花朵在徽标、刺绣和装饰品中反复出现。

你知道吗？

　　传说很久以前，一座山因孤独而痛苦，没有任何植物能安抚它。于是，一颗星星放弃了自己在天空中的位置，成为它忠实的朋友，而山为了报答它，给了它坚实的根系、洁白的皮肤和绒毛作为保护。

　　这是关于高山火绒草起源的众多传说之一，高山火绒草象征着力量和耐力，象征着纯洁持久的爱情，因此瑞士人称它为"雪绒花"。

　　火绒草属名 Leontopodium，意为狮爪，植物学家罗伯特·布朗在 19 世纪初发现火绒草的花序与狮爪很相似！

Stella alpina 高山火绒草

Camedrio alpino

仙女木

Dryas octopetala

蔷薇科　多年生植物
最高高度：10 厘米　花期：5 月至 7 月

仙女木生长在悬崖峭壁上的岩石碎屑中，为了适应这种环境，长出了匍匐茎和密集的根系网，用这些茎和根系网络紧紧抓住不稳定的碎石，拦截少量可用的水。这样的生长方式使它能够防止土壤侵蚀。

它的花朵大而洁白，中间有一个由雄蕊形成的黄色斑点。种加词 octopetala，意思是章鱼，点明仙女木花冠由 8 片花瓣组成，有时也有 9 或 10 片（很奇怪呢，蔷薇科植物通常只有 5 片花瓣）。受精后，它结出瘦果，果实上有长长的羽毛状刚毛，非常适合种子随风飞走传播。

从茎的基部长出常绿的叶子，叶子上面有光泽，下面覆盖着厚厚的绒毛，可以保持水分。从叶子结实度和形状上看，与橡树叶很像。它的属名 Dryas，来源于希腊文 drys，即"橡树"。

它的意大利语俗名 camedrio alpino，也源自希腊语，意思是"低矮的橡树"或"侏儒橡树"，因为对于强壮的物种来说，它的体型并不高大。但谁说小家伙就不强壮呢？

仙女木是一种冰川"遗迹"：它是冰河时期后，从冰川中解放出的第一批重新定居在碎石上的开花植物之一，是真正的拓荒者。

你知道吗？

有些真菌之所以能在高山上生存，是因为它们与仙女木共生，即互相帮助。它们是红菇和担子菌。

真菌帮助植物从土壤中吸收水分和微量元素；植物为真菌提供通过叶绿素光合作用产生的碳化合物，而真菌不进行叶绿素光合作用，因为它是异养生物，即从其他生物体中获取营养。

Camedrio alpino 仙女木

Frutto del camedrio 仙女木果实

Rododendro

欧洲杜鹃

Rhododendron ferrugineum

杜鹃花科　灌木
最高高度：100 厘米　花期：6 月至 7 月

　　杜鹃总是优雅和精致的代名词，是花园装饰植物中最受欢迎的植物之一，它在野外的自然状态也是一道不容错过的风景。在有些地方，这些灌木茂密地生长在一起，形成杜鹃花丛——紫红色和粉红色相间的美妙而广阔的地毯。

　　欧洲杜鹃的属名 Rhododendron 来自希腊语，意思是"玫瑰树"，俗名也叫"阿尔卑斯玫瑰"——杜鹃花已成为阿尔卑斯山的象征之一，常与高山火绒草和无茎龙胆一起，用作传统服饰刺绣和民间传说的主题。

　　欧洲杜鹃的花朵密集地簇生在树枝顶端，花冠有 5 片花瓣，花瓣基部连接在一起，像一个小铃铛。叶片披针形，革质，叶底有独特的锈色，这是因为叶毛中含有一种有毒物质。想吃欧洲杜鹃小叶片的畜牧动物必须小心！

　　蜜蜂贪婪地吮吸着欧洲杜鹃丰富的花蜜，酿造出上好的蜂蜜，这种蜂蜜也是餐桌上的美味佳肴的佐料，并以其疗效而闻名：它具有去污、修复、镇静和治疗关节炎的功效。

你知道吗？

　　欧洲杜鹃花经常受到一种寄生真菌的侵袭，这种真菌会在杜鹃花的枝干上形成虫瘿，这种奇特的粉红色赘生物甚至有 1 厘米大小。

　　过去，人们采摘这些虫瘿并将其浸泡在油中，以获得一种著名的药膏，称为"旱獭油"，具有抗风湿的功效。这个名字来自当地称呼这种植物的俚语，与可爱的啮齿动物并无关系！

Rododendro 欧洲杜鹃

Rododendro 欧洲杜鹃

欧洲杜鹃还是印度杜鹃？

人们常常将欧洲杜鹃与印度杜鹃混淆，印度杜鹃是一种在市场上很容易找到的植物，可以装饰花园和阳台。

事实上，它们非常相似。两者同科同属，且都喜欢生活在酸性土壤中；但欧洲杜鹃的特点是体型更大、茎更粗壮、叶更肥厚。

杜鹃花有数百个品种！许多杜鹃花都是苗圃培育的，颜色各异。有些杜鹃花甚至芳香四溢，在数米之外就能闻到香味。

除了观赏性，杜鹃花还非常实用，能够净化空气。你知道还有哪些植物具有这种功能吗？

杜鹃花能够吸收某些家具和洗涤剂中的有害气体，从而消除其强烈而持久的污染物气味。不过，不建议在有宠物的家庭中种植杜鹃花，因为杜鹃花有毒，如果被我们四条腿的朋友吃进肚子里，可能会有危险。

Azalea 印度杜鹃

Genzianella

无茎龙胆

Gentiana acaulis

龙胆科　多年生植物
最高高度：10 厘米　花期：6 月至 8 月

在龙胆科植物中，无茎龙胆可能是最吸引人的一种，因为它的花朵呈绿松石色，就像一小颗蓝宝石。它的花冠呈漏斗状，内侧较浅，并有橄榄绿色的斑纹。果实为蒴果，内含无数黑色种子。

披针形小叶长 2 到 3 厘米，聚集在很短的茎基部，几乎隐藏在花下，与植株的整体大小相比非常发达。

除了艳丽的色彩外，无茎龙胆也努力增加对传粉昆虫的吸引力，这是许多山花的共同特点，因为随着海拔的升高，传粉昆虫的数量越来越少。只有苍蝇和熊蜂能承受高山上极端的气候条件：它们一边寻找花蜜为食，一边将花粉从一朵花运送到另一朵花，使花粉受精。然后，微小轻盈的种子在高海拔地区的强风中自生自灭，到达新的地方生长。

在花语中，龙胆是意志的象征，因为它能克服高山生活中的一切逆境和困难。在一些国家，由于过去的过度采摘，无茎龙胆现已成为保护植物。

你知道吗？

龙胆自古以来就以具有治疗功效闻名，在制药和草药行业中，它的治疗功效至今仍被认可和利用。据说，公元前 2 世纪的古伊利里亚国王杰提乌斯（Gentius）首先发现了龙胆的药用价值，龙胆属 Gentiana 的名称也由此而来。

尤其是，龙胆的根具有很强的助消化功效，可用于调制烈酒和利口酒。

Genzianella 无茎龙胆

其他相似但危险的龙胆和花朵

深黄花龙胆是无茎龙胆的亲戚，但它的花是深黄色的，有 1 米多高。深黄花龙胆作为一种有助消化的优质利口酒的成分而广为人知。在饭前食用它能刺激食欲，以至于在某些地区，它被当作"祖母的药方"，用来促使不想吃饭的孩子好好吃饭。

匈牙利流传着这样一个传说：在一次大瘟疫流行期间，国王拉迪斯劳斯梦见一位天使出现在面前，建议他向天空射箭，当箭落到地上时，就会找到驱除瘟疫、拯救人民的良方。第二天早上，国王射出了箭，箭落在了龙胆草上。龙胆草的根立即被用在病人身上，病人因此痊愈。

如果不仔细看，深黄花龙胆可能会与白藜芦混淆，后者是一种生活在相同栖息地的长得类似的植物，但它的毒性很强！不过，只要观察一下绿色的花朵和叶片，就能很容易地认出白藜芦。白藜芦的叶脉平行，在茎上交替排列，而不是对生的。

你经常可以在高山牧场上看到白藜芦，因为它是一种非常耐寒的杂草物种，也就是说，它的生长不受控制，会对其他物种造成危害。

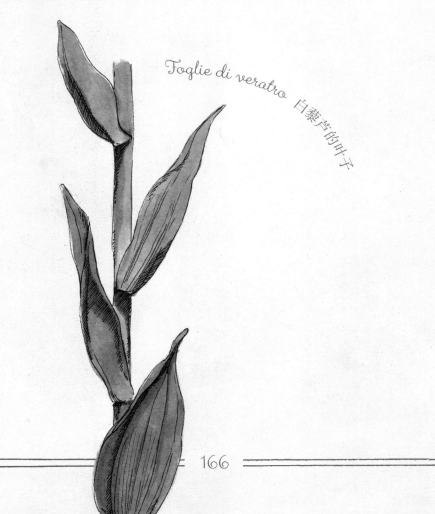

Foglie di veratro 白藜芦的叶子

Genziana maggiore 深黄花龙胆

Pulsatilla

高山白头翁

Pulsatilla alpina

毛茛科　多年生植物
最高高度：45 厘米　花期：6 月至 8 月

　　高山白头翁的名字源于拉丁语 pulsare，意为"摇动"，指的是它的羽毛状果实在微风吹拂下摇动。

　　它的果实被称为瘦果，实际上是一条长长的丝状尾巴，最初呈深紫褐色，成熟后颜色变浅，由花蕊形成，在花变果的过程中不断伸长，最长可达 5 厘米。它们在植株上持续生长数周，直到被风带到其他地方。

　　高山白头翁也被称为高山银莲花，源自希腊语 ànemos，意为"风"，因为它生长在开阔、多风的地方。

　　花没有花萼，由 5 到 7 枚白色花被片组成，花被片内侧为白色，外侧为浅紫色，雄蕊为深黄色。茎和叶的边缘有深深的切口，上面覆盖着厚厚的柔软绒毛，可以防止霜冻。

　　传说在一个非常严酷的冬天，一群狼来到一个小镇寻找森林里稀缺的食物，并袭击了动物和儿童。受惊的居民们求助于一位女巫，女巫配制了一种草药，洒在房屋周围的地上。从那天起，每年春天，这些土地上都会开满奇特的花朵，花朵上覆盖着一层浓密的绒毛，这让狼群望而却步，它们被这些像动物一样的奇怪植物吓坏了。

你知道吗？

　　野生高山白头翁属于受保护物种，一些地区禁止采集。

　　这种和其他种类的白头翁因美丽而备受珍视，栽培出来用以装饰岩石花园。

　　不要被它们迷惑，和几乎所有毛茛科植物一样，高山白头翁也是有毒的，会对皮肤造成刺激！

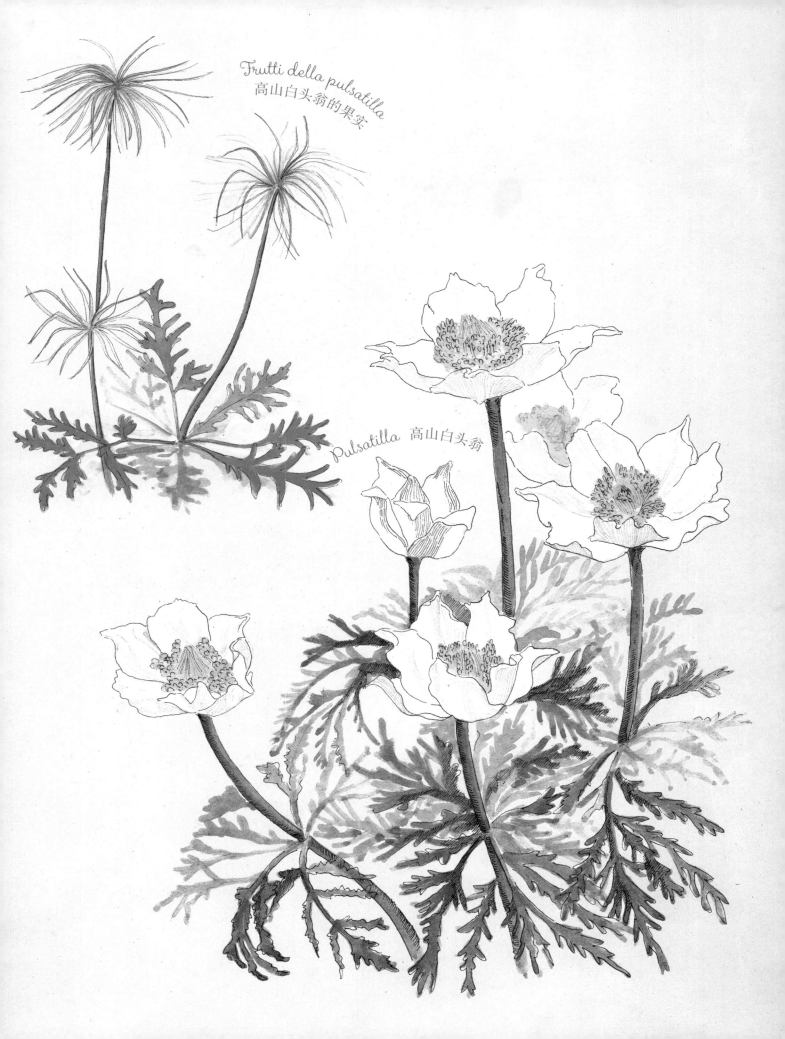

Frutti della pulsatilla
高山白头翁的果实

Pulsatilla 高山白头翁

Arnica

羊菊

Arnica montana

菊科　多年生植物
最高高度：50 厘米　花期：6 月至 8 月

夏季，羊菊的花朵给高山牧场增添了亮色。它的花朵类似大雏菊，呈浓烈的黄橙色。如果凑近仔细观察，就会发现看似是单生花的花冠实际上是由许多小花组成的花簇，在植物学中称为头状花序，是菊科植物的典型特征。

羊菊的花头由两部分组成：中间是一个大"按钮"，由管状的"圆盘花"和周围的齿状"射线花"组成。

它们散发出刺鼻的气味，会让人打喷嚏，因此这种植物也被称为"喷嚏花"。

叶片卵形，叶脉清晰可见，上面长满了硬毛。在阿尔卑斯山一些地区，有用羊菊制作烟草的传统，因此它也被称为"山烟草"。

有一个传说，一个女人同意嫁给一个男人，条件是不能碰她的头发，因为她的头发是阳光的光线。有一天，丈夫温柔地抚摸了妻子的头，妻子竟然变成了魂灵。为了救回母亲，她的一个女儿请巫师破除了咒语，那个女人复活并重新长出了正常的头发，那些阳光落在地上，生出了羊菊花。

你知道吗？

羊菊是应用最广泛的药用植物之一。事实上，它含有的物质可以减轻扭伤、瘀伤、关节炎或肌肉疼痛引起的的炎症和疼痛。

它是凝胶、药膏、软膏和润喉糖的成分之一，在药店或草药店都有它的身影。

由于人们在羊菊生长的土地上进行无节制的采摘和农业加工，眼下在野外遇到它们的机会越来越少，因此，羊菊被列入受保护植物区系。

Arnica 羊菊

Silene a cuscinetto

无茎蝇子草

Silene acaulis

石竹科　多年生植物
最高高度：5 厘米　花期：6 月至 8 月

在海拔 3000 米以上的高海拔地区，在碎石和积雪之间，在我们认为不可能找到植物的地方，岩石上长出了绿色的垫子，上面镶嵌着深粉色的花朵。

这是一种能承受极端气候条件的高山植物——无茎蝇子草：它体型小，结构紧凑，有助于保持热量和水分，并能抵御强风。这些都是为适应高山环境而具备的特点。无茎蝇子草和在草地上看到的白玉草不同，后者的花朵是白色的，花萼是气球状的。

在希腊语中，acaulis 是"无茎"的意思。这种植物高不过 5 厘米，几乎没有茎；叶片非常小，呈线形，从植株基部萌发，由膨大且多分枝的地下茎固定在岩石地面上。

无茎蝇子草的花朵很小，直径约 1.5 厘米，花冠由 5 片花瓣组成，颜色从粉红色到紫色不等，有时为白色，花瓣呈二裂片，即顶端略有切口；粉红色的花萼呈管状，有 10 条明显的脉络。属名 Silene 可能源自西勒诺斯（Silenus），即罗马酒神巴克斯的大肚伴侣，并以此暗指某些品种肿胀的花萼。

与其他北极 – 阿尔卑斯植物一样，它在第四纪冰期扩张时向南传播，并在欧洲的山丘上找到了家。

近年来，它已成为一种培植植物，用来装饰岩石花园，从而避免了在野外被滥砍滥伐，成为一种受保护的物种。

你知道吗？

从远处看，你可能会误以为这种植物是苔垫，以至于它也被称为 "花苔"。但请记住，苔藓是没有花的！

Silene a cuscinetto 无茎蝇子草

海滩和海岸上的花

植物能够在多样化的环境中生存，即使是在海边、海滩和沙丘上，或是在悬崖峭壁的岩石间。盐碱、干旱、强烈的阳光，甚至狂风，植物似乎无法在这些条件下生存，但它们却在长期的生长过程中形成了各种适应策略，并在这些地方和谐地生存着。

有些植物，如蜡菊和刺芹，被一层轻薄的绒毛或美丽的灰蓝色蜡质层覆盖，可以反射大量的太阳热量，使植物保持凉爽，并通过使叶子防水的方式来减少水分的过度蒸发。

它们的根通常又粗又长，这样就能深深地吸收沙地表面无法长期保存的雨水。而食用昼花等物种的叶子和茎是蓄水结构，属于典型的"肉质植物"。

在寒冷季节里，海水仙的嫩枝藏在地下，嫩枝插入球茎，球茎是地下茎的一部分，周围长着肉质、营养丰富的大叶子，在整个寒冷季节为海水仙提供营养。

由于这些环境中的地下水通常是咸的，根部很难吸收，因此一些植物，如欧洲补血草，进化出了一套巧妙、专门的分泌腺系统，以便排出吸收的多余盐分。它的叶片上有数以千计的分泌腺！如果你仔细观察任何一片叶片，都会发现上面布满了细小但醒目的晶体：这是排出的盐溶液在空气中风干后的残留物。

Calcatreppola marittima
滨海刺芹

Cocomero asinino 喷瓜

Elicriso italico
意大利蜡菊

Limonio 欧洲补血草

Papavero giallo
黄花海罂粟

Giglio marino 海水仙

Armeria marittima
海石竹

Carpobroto 食用昼花

Calcatreppola marittima

滨海刺芹

Eryngium maritimum

伞形科　二年生植物
最高高度：60 厘米　花期：6 月至 8 月

　　滨海刺芹的花朵呈金属蓝色，在米黄色海沙的衬托下显得格外醒目。传粉昆虫，尤其是蜜蜂，都被它吸引过来，而且不会失望，因为滨海刺芹的花蜜和花粉是它们酿造蜂蜜的绝佳原料。

　　它的花朵聚集在茎的顶端，形成类似绒球的头状花序，花序周围有苞片，苞片和叶子的边缘都有非常多的多刺齿状突起。

　　它的苞片是进化过的叶子，具有双重功能：带刺的苞片可以保护花蕾，防止草食性天敌啃食花蕾；其他的苞片则模仿五彩花瓣，吸引传粉动物，就像苞片呈深紫红色的攀援植物九重葛一样。

　　滨海刺芹的白釉般的颜色也会让你大吃一惊，尤其是叶子。这要归功于萼片，萼片上的蜡质层能帮助它们在干旱中生存，能反射太阳的热量，使植物保持凉爽，还能使叶片防水，从而防止水分蒸发过多。它的根系粗壮，能扎入地下 1 米多深，因此能获得沙质土壤中的少量水分，并能抵御最强风的侵袭。它的果实形状奇特，有两个钩子，可以"粘住"动物的皮毛，从而传播种子。"嘿，伙计，能载我一程吗？"

你知道吗？

　　在一些游客和建筑物较多的海滩地区，已宣布滨海刺芹为稀有保护物种。但在过去，它也曾被摆上过餐桌：它的嫩叶可以煮着吃，甜根可以做沙拉生吃。

　　莎士比亚曾在《温莎的风流娘儿们》中提到过它。

Calcatreppola marittima
滨海刺芹

Calcatreppola marittima 滨海刺芹

Limonio

欧洲补血草

Limonium vulgare

白花丹科　多年生植物
最高高度：60 厘米　花期：6 月至 9 月

　　欧洲补血草，又名匙叶草或海薰衣草[1]，生长在其他植物难以生存的地方。事实上，这是一种嗜盐植物，即喜欢盐，适应滨海环境，生活在富含盐分且周期性地被海浪冲刷的土壤中。

　　它那蓝紫色的 5 瓣小花形成花序，沿着分枝、无叶的茎排列。叶在基部，革质，有点肉质，长达 30 厘米。每片叶子上都有数千个分泌腺，可以排出根部吸收的盐分。当你观察一片叶子时，会发现上面覆盖着一层结晶体：这是盐溶液，排出后水分会蒸发在空气中，只留下结晶体。这也是其他一些物种的典型适应性，这些物种不仅广泛生长在盐碱地上，如海石竹，也生长在干旱的沙漠和草原上。

　　蜜蜂非常喜欢欧洲补血草，在采蜜的同时会把花粉带到其他花蕊上，从而实现受精。相比之下，螨虫却一点也不喜欢它，因此在民间传统中，人们用它来驱赶螨虫。

　　欧洲补血草非常适合作为观赏植物，尤其是在沿海花园。一些培植品种有不同的色调，有白色、黄色、深紫色和粉红色，给人一种生动的装饰感。在一些国家，由于滥砍滥伐和栖息地稀少，欧洲补血草被列为了保护植物。

你知道吗？

　　欧洲补血草的花色可以保持很长时间，即使晒干后也是如此，看起来就像纸做的；欧洲补血草也可以切花出售，组成优雅的花束，经久不衰。

　　这种特殊性使欧洲补血草成为永恒之美和不朽之爱的象征。

---

1 译者注：并非我们熟知的薰衣草。

Limonio 欧洲补血草

Giglio marino

海水仙

Pancratium maritimum

石蒜科　多年生植物
最高高度：50 厘米　花期：7 月至 10 月

　　海水仙以其硕大芳香的白色花朵而闻名，是一种欧洲海滩植物，在沙滩上随处可见。

　　海水仙的花宽约 8 厘米，花冠呈漏斗状，周围有 6 个长长的线形花被片，花被片边缘有 12 个三角形的"齿"。

　　它的地下鳞茎长有肉质的深绿色带状叶片，是一个营养丰富的器官，能使植物在冬季存活下来，并在适于生长的季节发芽。与海水仙一样，许多其他石蒜科植物也有鳞茎，如雪滴莲、红口水仙和洋葱。

　　夏末，成熟的蒴果状果实会结出黑色的种子，种子上有一层海绵状的软木塞，就像救生圈一样，使它漂浮在水面上。种子被海浪带走，随水流漂向海岸的其他地方，甚至是很远的地方。

　　这种种子被水带走的传播方式被称为"水力传播"。这也是其他很多物种的策略，比如，椰子树的果实（椰子）可以在海上漂浮长达 4000 千米，直到找到合适的环境孕育出新的植株。由于栖息地不断受到破坏，海水仙在许多地区已成为濒危保护物种。不过，如果你想在阳台或花园里种植海水仙的话，可以在市场上找到它的种子，因为海水仙是观赏植物。

你知道吗？

　　如果你看到一朵海百合的叶子残缺不全，可以试着把叶子掀起来看看下面：你可能会发现一只黑白条纹的毛毛虫正在吃午饭！

　　这是"海水仙蛾"的毛毛虫，它的整个生命周期，从卵到成虫阶段，都在海水仙的叶子上度过——这是一种墨守成规的生物！

Giglio marino 海水仙

Bruco della "falena del pancrazio"
"海水仙蛾" 的毛毛虫

Carpobroto

食用昼花

Carpobrotus edulis

番杏科　多年生植物
最高高度：15 厘米　花期：3 月至 5 月

　　食用昼花原产于南非，17 世纪引入欧洲用于观赏，随后在意大利成为一种野生植物，它们生长在悬崖、沙丘和墙壁上，威胁着当地脆弱的植被。真是个恶霸！

　　它的茎长达数米，爬满地面，形成密集的肉质叶毯，横截面呈三角形，覆盖着厚厚的蜡质层。这些叶片最大程度地减少了水分流失，显示出植物对干燥环境的适应能力。肉质的稠度也取决于细胞中积累的水分储备，这对于在咸水环境（即土壤因靠近海洋而富含盐分）中生存是不可或缺的。

　　在花朵中，看似花瓣的部分实际上是不育雄蕊，其颜色从粉红色到黄色不等，而位于中间的可育雄蕊一直是黄色的。花冠的颜色和质地与叶子相同，几乎看不出来。

　　果实类似于小无花果，可以食用：味道酸涩，偏咸，非常美味。想尝尝吗？

　　许多动物以它的果实为食，这有利于种子的传播（称为"动物传播"）：帮助植物在其他地区的繁殖，从而实现成功"入侵"。

你知道吗？

　　食用昼花也被称为"霍屯督人的无花果"，17 世纪，南非的霍屯督人食用这种植物，当地的荷兰定居者就这样为这种植物命了名。

　　食用昼花叶的汁液还被用来调节肠道和舒缓蚊虫叮咬。

　　如今，食用昼花的消炎和润肤功效在其他国家也很受欢迎，用于生产肥皂、凝胶或护肤霜等化妆品。

Carpobroto 食用昼花

Elicriso italico

意大利蜡菊

Helichrysum italicum

菊科　多年生植物
最高高度：40 厘米　花期：4 月至 7 月

　　随着夏季的到来，地中海灌木丛中典型的芳香植物，如蜡菊、爱神木、迷迭香或乳香黄连木的气味会更加浓郁。这是经过挥发后，在空气中扩散的植物精油。特别值得一提的是，如果你闻到一种类似于洋甘草味道的香气，那么你可能就在意大利蜡菊附近。它是一种小灌木，基部有木质化的茎，年复一年地分枝生长。

　　意大利蜡菊的花朵细小，呈管状，聚集在一个称为头状花序的结构中，花序看起来像单生花，这是菊科植物（如雏菊或蒲公英）的典型特征。蜡菊，elicriso，这个名字来源于希腊语，意思是"金色的太阳"，指的是花头的颜色和形状。

　　叶片呈针状，边缘向下折叠，呈灰白色，这是因为叶片上有一层厚厚的毛状体，毛状体覆盖着叶片，使叶片看起来如丝般柔滑。

　　蜡菊在过去是一种著名的药用植物，如今仍有许多用途。由于具有消炎特性，被用于治疗呼吸系统疾病的产品和护肤品中。蜡菊还可用于烹饪：由于具有类似咖喱的味道，它是多种菜谱的配料之一，包括咸味和甜味菜谱。

你知道吗？

　　像蜡菊一样，许多生活在高温环境中的植物都长有毛。

　　毛状体有助于应对干旱：它们能保持水分，减少水分蒸发，同时银色的毛状体能反射阳光和热量。

　　毛状体能抵御食草动物的啃食，有些植物的毛状体会释放毒素，或者向接触它们的生物的皮肤注入刺激物，使昆虫无法靠近，甚至还能产生抗菌物质，保持植物健康。

Elicriso italico 意大利蜡菊

Armeria marittima

海石竹

Armeria maritima

白花丹科　多年生植物
最高高度：30 厘米　花期：5 月至 7 月

海石竹很有特点：除了花朵美丽之外，还非常健壮，能够承受最恶劣的气候条件：可以在干燥及沙质环境中生长，也可以在沿海和咸水草地、海边悬崖和岩石上生长；可以很好地忍受强风和低温，甚至可以在含有重金属的土壤中生长。真是坚韧呢！

在高达 30 厘米的茎顶端，长着密集的球形绒球状花头，由许多直径约半厘米的淡紫色花朵组成。叶片呈线状，硬而呈披针形，像草一样，共同形成一个非常紧凑的常绿小灌木丛，看起来就像一个植物"垫子"。

像海石竹这样的植物被称为嗜盐植物：它们能够忍受对其他植物有毒的盐浓度（1%—2%）。但它们是如何做到这一点的呢？由于在形态和功能上的各种适应性，它们发展出了一套非常复杂的系统：通过长根深入地下寻找水分，然后通过特殊的腺体装置排出组织中积累的盐分，并通过叶片上覆盖的蜡质层减少植物的水分蒸发。

你知道吗？

在分布广泛的英国，海石竹通常被称为"节俭草"（thrift），因为它即使在艰苦的条件下，也能茁壮成长，并能靠微薄的营养生存。

英国人将它印在了 1937 年至 1952 年发行的 3 便士硬币上。在英文中，thrift 意为"节俭"，这也是为什么在一枚面值不大的硬币上使用海石竹作为标志的原因。

Armeria marittima 海石竹

Armeria marittima　海石竹

Papavero giallo

黄花海罂粟

Glaucium flavum

罂粟科　多年生或二年生植物
最高高度：60 厘米　花期：5 月至 10 月

大家都知道红罂粟和玫瑰罂粟，它们是田野里最常见的花朵；而黄花海罂粟在田野中却并不常见。

它喜欢滨海环境，生活在悬崖峭壁和沿海沙丘上。花朵很大，直径 5 到 7 厘米，有两片萼片，很早就会脱落，4 片花瓣呈深黄色，基部呈橙色。果实是一个圆柱形蒴果，长达 20 厘米，往往会卷曲起来，就像一个角：因此这种植物也被称为"角罂粟"。

基部叶片有深深的切痕，边缘呈波浪状，而沿茎向上的叶片逐渐变小，呈浅裂状，没有叶柄。茎叶上覆盖着一层白色绒毛和一层蓝绿色蜡质层，能防止水分过度蒸发，在暴露在强烈阳光下的植物中很常见。

属名 Glaucium，海罂粟属，源自希腊语 glaukós，意为"蓝绿色"和"灰绿色的"。但它的起源也许是罗马神话传说：传说渔夫格拉乌斯爱上了仙女希拉。有一天，他捕鱼归来，看到鱼儿潜回海中又活了过来，而这要归功于鱼网接触到的一种奇怪的草药。他想吃掉这种神奇的植物，但变成了一个长着长长鱼尾的海神，希拉看见后吓得逃走了。格拉乌斯于是乞求女巫西尔塞用药水把她带回来，但西尔塞出于嫉妒，把美丽的仙女变成了可怕的怪物！

你知道吗？

从黄花海罂粟籽中提取的油曾一度被用作点油灯和制作肥皂。人们还用黄花海罂粟叶配制止咳药，但要小心谨慎，因为黄花海罂粟叶中含有一种致幻物质。

Papavero giallo 黄花海罂粟

Cocomero asinino

喷瓜

Ecballium elaterium

葫芦科　多年生植物
最高高度：50 厘米　花期：5 月至 10 月

喷瓜与多汁的夏季水果西瓜同属一个科。它们看起来非常相似，叶子呈波浪形，上面长满了绒毛，茎也是如此，在地面上延伸甚至超过 1 米。花有 5 片白黄色的花瓣，单性，雄花只有雄蕊，雌花只有雌蕊。

果实看起来也像一个微型西瓜，但不能食用，而且会有古怪的"行为"：成熟时，果实中的液体压力会升高，当压力增高到临界值时，就会爆炸，只要轻轻一碰，液体和无数的种子就会以每秒约 10 米的速度飞射出去，甚至飞到 12 米以外的地方。大家快找地方躲起来！

注意！最好不要靠得太近，因为它的液体对皮肤和眼睛有很强的刺激性，如果不慎吞咽，还会引起肠胃不适。也许正因为如此，古希腊人和古罗马人把它当作一种强劲泻药；在某些地区，他们甚至把这种植物称为"毒口水"。据说在 19 世纪，一位名叫迪克森的医生为了在闷热的天气里降温，在帽子下放了一枝这种植物，结果整整一天都胃痛不止，甚至出现了强烈的偏头痛！

你知道吗？

在进化过程中，其他一些植物也进化出了不同的"爆炸"机制，而爆炸几乎总是由果实内部的压力引发。

种子在爆炸中飞去远离母株的地方，意味着它们会到达一个不那么拥挤的地方，更有可能繁殖，从而减少在已经相当干旱的栖息地对土壤和水的竞争。"让路，我们来了！"

Cocomero asinino 喷瓜

Cocomero asinino 噴瓜

⌂ Stella di Natale
一品红
Euphorbia pulcherrima

被认为是花的部分，其实是黄色花朵周围的红色变异叶片(苞片)。
原产地：美国中部

✿ 12月至次年1月

☼ 喜明亮，但不宜直接暴露在阳光下

⌂ Anthurium
花烛
Anthurium andreanum

颜色鲜艳的部分是变异叶片(或苞片)，看起来几乎像漆一样。
原产地：美洲中部

✿ 秋末冬初

☼ 喜明亮，但不宜直接暴露在阳光下

⌂ Mammillaria
月影乳突球烛
Mammillaria zeilmanniana

小型球状仙人掌，开粉色或白色花，没有叶子，长有尖锐的刺，聚集成丛。
原产地：墨西哥

✿ 5月

☼ 喜半日照或全日照

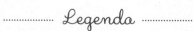

〰 Legenda 〰
⌂ 室内植物　　✿ 花期
🏘 室外植物　　☼ 光照

⌂ Begonia
四季秋海棠
Begonia cucullata

易于栽培，可开出持久的粉色、白色或红色花朵。
原产地：南美洲

✿ 春秋两季

☼ 喜半阴

I fiori delle piante da appartamento, da terrazzo e da giardino

室内、露台和花园里的花

自然界中野生的花卉植物也有培植品种，在苗圃和花店可以发现它们，也可以发现培植品种，即通过杂交或其他技术培育出的新品种。之所以有如此多的培植品种，正是因为人们需要创造更多的品种，以获得更多的色调和更丰富的花朵颜色、花瓣数量和形状、大小，并改善花期和抗病性等特性。所有这些植物都装饰着我们的家、花园和阳台。根据它们所需的生存条件，可分为室内植物和室外植物。

• 室内开花植物

大多数室内植物来自热带地区，主要是世界各地的森林或沙漠地区。它们在光照和温度条件与其原产地相似的家中生活得很好。

它们装饰着房屋，使房间环境更加舒适。许多植物因其花朵而受到人们的喜爱，如热带兰花和这几页中的植物，有一些植物因其色彩斑斓的叶子而受到人们的喜爱，还有一些植物因其特殊的特征而受到人们的喜爱，如"肉质植物"（植物学家称之为"多肉植物"）带刺的茎或肉质的叶子。

一些对光照和空间要求不高的树种也可以在室内生长，如垂叶榕，它们在野外可以长到 30 米高。

• 室外、花园里或阳台上的开花植物

人们还种植观赏植物来装饰露台和花园，将其种植在地面或花盆中。我们对这些植物的了解往往比对自然界中野生植物的了解要多，是因为它们的数量非常多，而且现在培植植物比野生植物更常见！想想看，玫瑰、老鹳草、天竺葵、紫罗兰、芍药等众多品种。大部分是来自异国他乡的灌木，如绣球花和山茶花，但也有来自欧洲的，如欧丁香。

许多植物都有鳞茎或地下根茎：根据品种的不同，它们在春天开花，如水仙和郁金香，或在夏天开花，如大丽花和百合。

Falso gelsomino
络石
Trachelospermum jasminoides

它的花芳香扑鼻，但与真正的茉莉花[1]不同，不能用来制作香水或泡酒。
原产地：中国和日本
❀ 4月至6月
☀ 喜全日照或半阴

Camelia
山茶
Camellia japonica

花朵大小和颜色各异，有白色、粉色和红色。
原产地：中国
❀ 12月至次年5月
☀ 喜半阴

Giglio
百合
Lilium

品种繁多，夏季花朵颜色各异，芳香扑鼻。
原产地：亚洲
❀ 6月至7月
☀ 喜向阳或半阴

Lillà
欧丁香
Syringa vulgaris

春季开花的芳香灌木，耐寒且易于种植。
可用于制作香水。
原产地：欧洲东南部
❀ 春季
☀ 喜阳光充足

Kalanchoe
长寿花
Kalanchoe blossfeldiana

叶片肉质，花朵颜色多样，有白色、黄色、橙色、粉色和红色。
原产地：马达加斯加
❀ 冬末春初
☀ 喜非常明亮，但不宜直接暴露在阳光下

---

1 译者注：茉莉，意大利语为 gelsomino；络石，意大利语为 Falso gelsomino，假茉莉。

Gardenia
栀子
Gardenia jasminoides

常绿小灌木，白色或奶油
色大花朵香味浓郁。
原产地：南亚
🌸 5月至9月
☀ 喜半阴或全日照

Strelitzia
鹤望兰
Strelitzia reginae

色彩斑斓的花朵酷似异国鸟
类的头部，又名天堂鸟。
原产地：南非
🌸 3月至5月
☀ 喜全日照

Oleandro
夹竹桃
Nerium oleander

容易种植，花期长达整个夏
季。这是一种有毒植物！
原产地：亚洲和地中海地区
🌸 6月至9月
☀ 喜阳光充足

Ortensia
绣球
Hydrangea macrophylla

花序呈圆形，根据土壤类
型的不同，花色从粉红色
到蓝色不等。
原产地：日本
🌸 春夏
☀ 喜半阴

Glicine
紫藤
Wisteria sinensi

早春和夏季，开出层层叠
叠的紫色芳香花朵，蔚为
壮观。
原产地：中国
🌸 4月至5月
☀ 喜全日照

Stramonio
曼陀罗
Datura stramonium

生活在杂草丛生之地、
耕地、葡萄园。
原产地：北美洲中部

Dafne
二月瑞香
Daphne mezerum

生活在森林和高山牧场。
原产地：欧洲和亚洲

Giusquiamo
天仙子
Hyoscyamus niger

生活在耕地边缘的碎石区。
原产地：欧洲和亚洲

Uva di volpe
四叶重楼
Paris quadrifolia

生活在树林中或树林边缘。
原产地：欧洲和亚洲

I fiori
delle piante velenose

有毒植物的花

在进化过程中，植物找到了通过各种策略与周围世界"交流"的方法，包括产生各种物质：用气味吸引传粉昆虫，用美味吸引动物传播果实和种子，或用令人作呕的气味、刺痛甚至有毒液体驱赶食草动物和寄生虫，抵御其他植物的攻击。直接接触某些有毒物种可能会引起简单的皮肤过敏（如荨麻），或引发严重的过敏反应（如巨独活）。如果人类或动物摄入某些植物，即使数量很少，也会引起不适和中毒，有时甚至致命。

几个世纪以来，人类和动物一样，了解了植物和其中一些植物产生的有毒物质，但在野外，也可能会混淆有毒植物与无害植物，并进行采摘，例如，会将危险的秋水仙误认为是珍贵的番红花，将颠茄浆果误认为是蓝莓，将藜芦误认为是无茎龙胆等。

在有毒植物中，有些被用来制备药物和药品，但我们必须知道，只有在剂量适当的情况下，它们才会对我们的健康有益！

有毒物质通常分布在植物的各个部分，但也可能出现某些部分比其他部分毒性更强的情况，例如颠茄的果实就比茎干毒性更强。

本书中已经介绍了一些主要的有毒植物：欧乌头、毛地黄、虞美人、秋水仙、巨独活、欧铃兰、黑嚏根草、藜芦、夹竹桃。它们的起源各不相同，有些非常常见，有些则较为罕见，但都广泛分布于欧洲，在各种环境中野生生长，或作为观赏植物在花园中栽培。

在接下来的几页中，你将看到一些世界上最毒的植物。了解它们，并记住要远离它们！

Tasso
欧洲红豆杉
Taxus baccata

通常种植在花园中。
原产地：欧洲和北非

Belladonna
颠茄
Atropa bella—donna

生活在树林边缘、
树篱中和废墟旁。
原产地：欧洲和亚洲

Gigaro
斑点疆南星
Arum maculatum

生活在森林中或园子里。
原产地：欧洲和高加索地区

Ricino
蓖麻
Ricinus communis

种植在园子里。
原产地：非洲和亚洲的热带地区

Fusaria
欧洲卫矛
Euonymus europaeus

生活在树篱、
树林或溪流岸边。
原产地：欧洲和亚洲

Morella rampicante
欧白英
Solanum dulcamara

生活在潮湿的树林、
河边、树篱、废墟中。
原产地：欧洲和亚洲

Brionia
泻根
Bryonia dioica

生活在树篱、
栅栏和杂物堆上。
原产地：欧洲和北非

Cicuta
毒参
Conium maculatum

生活在路边、沟渠中
和杂物堆上。
原产地：欧洲和亚洲

Banano
小果野蕉
Musa acuminata

春季开花；初夏开始结果，
约5个月后成熟。
原产地：东南亚

I fiori
delle piante da frutto

水果植物的花

　　我们之所以称它们为"水果植物"，是因为栽培它们的目的正是为了获取我们食用的水果，如苹果、桃子、橘子等，但它们通常开着非常壮观的花朵，像许多观赏植物一样美化花园和田野。

　　这些花有时还具有象征意义：例如，桃花有着浓烈的粉红色，与持久的爱情有关，被用于婚礼；橘子花也是如此，它是白色的，有着独特的形状。在东方，美丽的樱花非常受欢迎，它象征着重生。

　　不过，也许你不知道，当植物学家说到"果实"时，他们指的是植物的一种特殊结构，一种包裹和保护种子的容器，是由花朵形成的。

　　因此，对于植物学家来说，辣椒和西葫芦也是一种果实，橡树的橡子也是一种果实。在植物学家所理解的果实中，有许多是我们人类无法食用的！你会吃蒲公英的小果实还是枫树的硬果实？

　　而苹果，据说是一种"假果"：真正的果实是果核，可谁要吃果核呢？

　　水果植物在自然界中随处可见，但现在大多在专门的场所栽培。

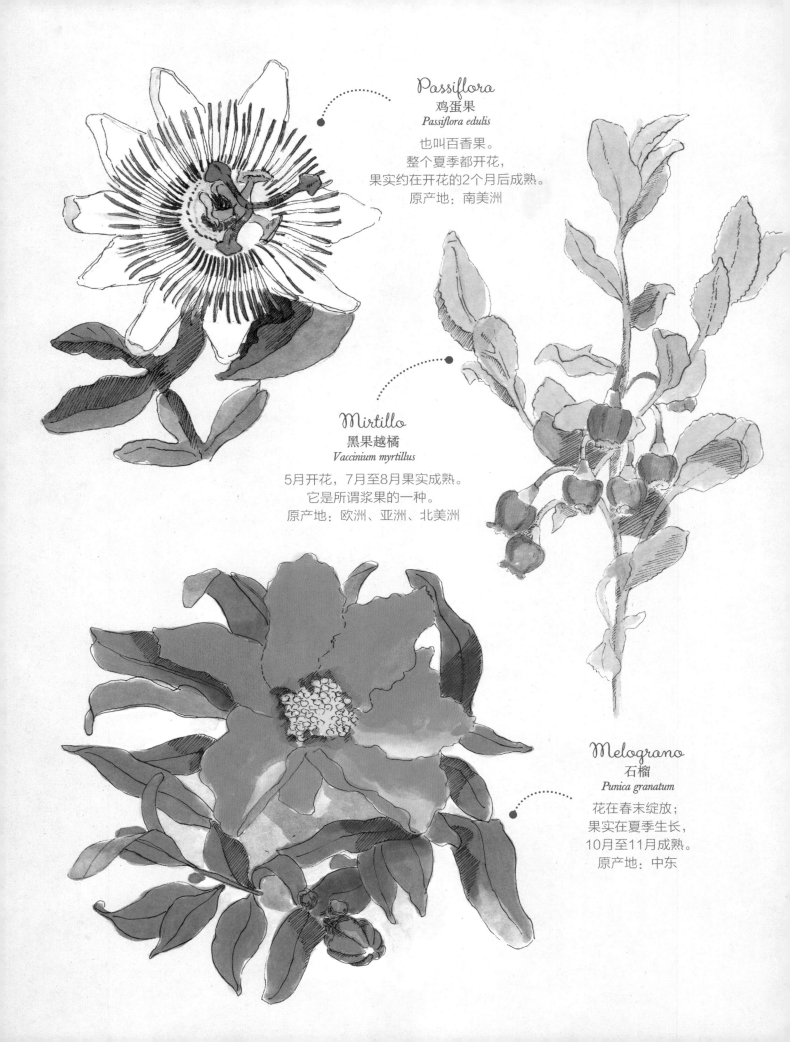

Passiflora
鸡蛋果
Passiflora edulis

也叫百香果。
整个夏季都开花，
果实约在开花的2个月后成熟。
原产地：南美洲

Mirtillo
黑果越橘
Vaccinium myrtillus

5月开花，7月至8月果实成熟。
它是所谓浆果的一种。
原产地：欧洲、亚洲、北美洲

Melograno
石榴
Punica granatum

花在春末绽放；
果实在夏季生长，
10月至11月成熟。
原产地：中东

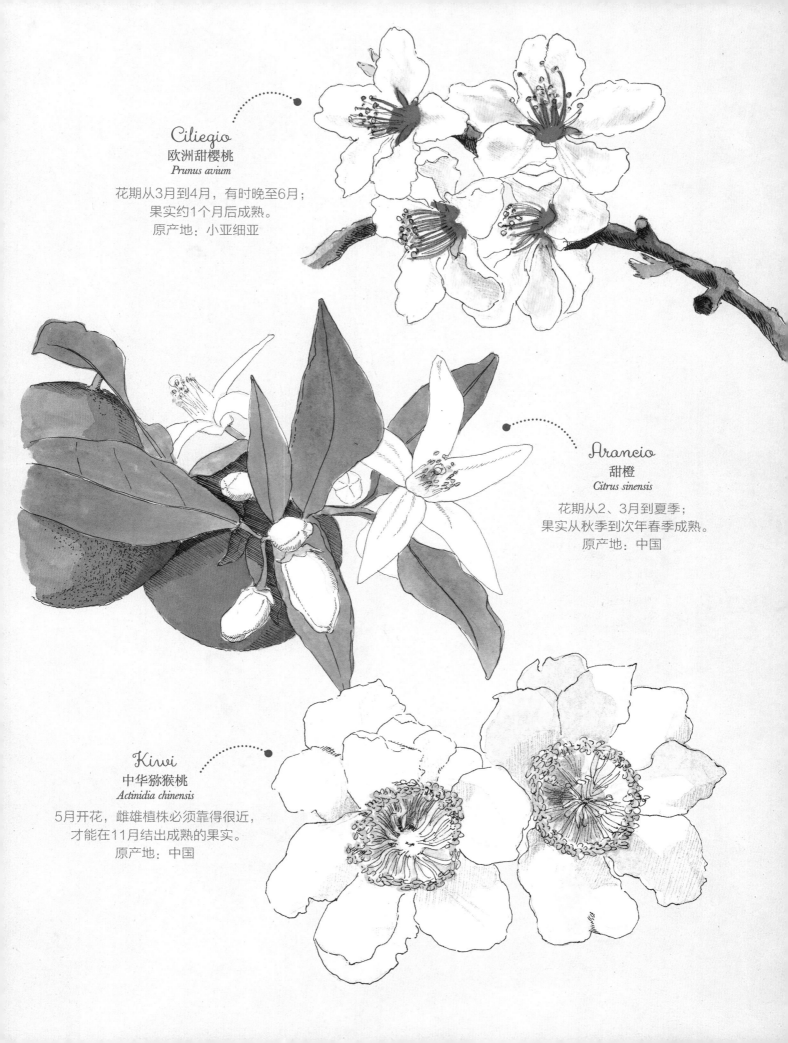

Ciliegio
欧洲甜樱桃
Prunus avium

花期从3月到4月，有时晚至6月；
果实约1个月后成熟。
原产地：小亚细亚

Arancio
甜橙
Citrus sinensis

花期从2、3月到夏季；
果实从秋季到次年春季成熟。
原产地：中国

Kiwi
中华猕猴桃
Actinidia chinensis

5月开花，雌雄植株必须靠得很近，
才能在11月结出成熟的果实。
原产地：中国

Ginkgo biloba
银杏

Le piante degli orti botanici

植物园中的植物

在一些特别的地方，人们精心呵护植物，以保护地球上丰富的生物多样性；人们研究植物、了解它们的特性和历史，并让每个人都可以了解和欣赏它们。

这样的地方就是植物园。

大约 500 年前，意大利人建立了第一批植物园，而现在，全世界已经有了成千上万个植物园！它们有的位于城市，有的位于郊区，有的位于山区，每一个都各有特色。一些有着悠久历史，一些是近年建造的。

在这些植物园里，有着世界各地的著名植物，也有着具有本地特色的植物。例如在米兰的布雷拉植物园（l'Orto Botanico di Brera）里，你可以看到约有 250 年树龄的美丽银杏。银杏叶呈扇形，有两个裂片。秋天，在落叶前，银杏叶呈浓郁的黄色，通过观察这些特点，你可以很容易地辨认出它们。

银杏是一种原产于东方的植物，现在也广泛分布于西方。银杏非常粗壮而古老，在 2 亿多年的时间里，银杏几乎没有任何变化，因此被植物学家称为"活化石"。

Foglia di ginkgo 银杏叶子

Semi di ginkgo 银杏种子

Noce del Caucaso
高加索枫杨
Pterocarya fraxinifolia

在植物园中，植物生长在室外或温室中。每个植物园都有自己的构造，但它们通常都会建有花坛或特定区域，人们可以在那里看到一些有共同点的植物。

例如，有些植物园为研究药用植物（现在仍在种植）而建，因为人们在几个世纪前就发现，从植物中可以提取出对人体健康有益的物质。在当时，这些植物园被称为"药用植物种植研究园"。

例如，毛地黄是一种用于治疗心脏疾病的植物，在春夏季会开出紫色的花序，花冠呈手指状。

植物园收藏的植物有些会有除上述特点外的其他共同点，比如实用植物，包括食用植物、纺织植物、造纸植物或染料植物，如老鸦谷，花朵颜色艳丽，名字的意思就是颜色。[1]

有些是特定收藏。例如，许多植物园栽培各种蕨类植物和木贼属植物，它们是地球历史上最古老的植物，可以让人们了解地球景观在遥远的过去可能是什么样子。

此外，植物园中还常以植物的科划分专区，如菊科，菊科在全世界有2万多个品种，包括雏菊、洋甘菊和奇特的花葱蓝刺头。花葱蓝刺头在夏天会开出艳丽的蓝紫色球形花序。

植物园还致力于保护濒危物种，因此也有一些珍稀植物：例如，在布雷拉植物园可以看到的米兰雀鹰草，是米兰特有的植物。

植物园就像一个露天博物馆，很值得参观。园内通常还提供教育活动和休闲活动，但不能与公园或花园的活动混为一谈。

植物园是一个迷人的地方，它不断变化，有时还会给你带来许多意想不到的色彩和气味！

---

1 译者注：老鸦谷意语名字为 amaranto，意为"紫红色"，是一种染料植物。

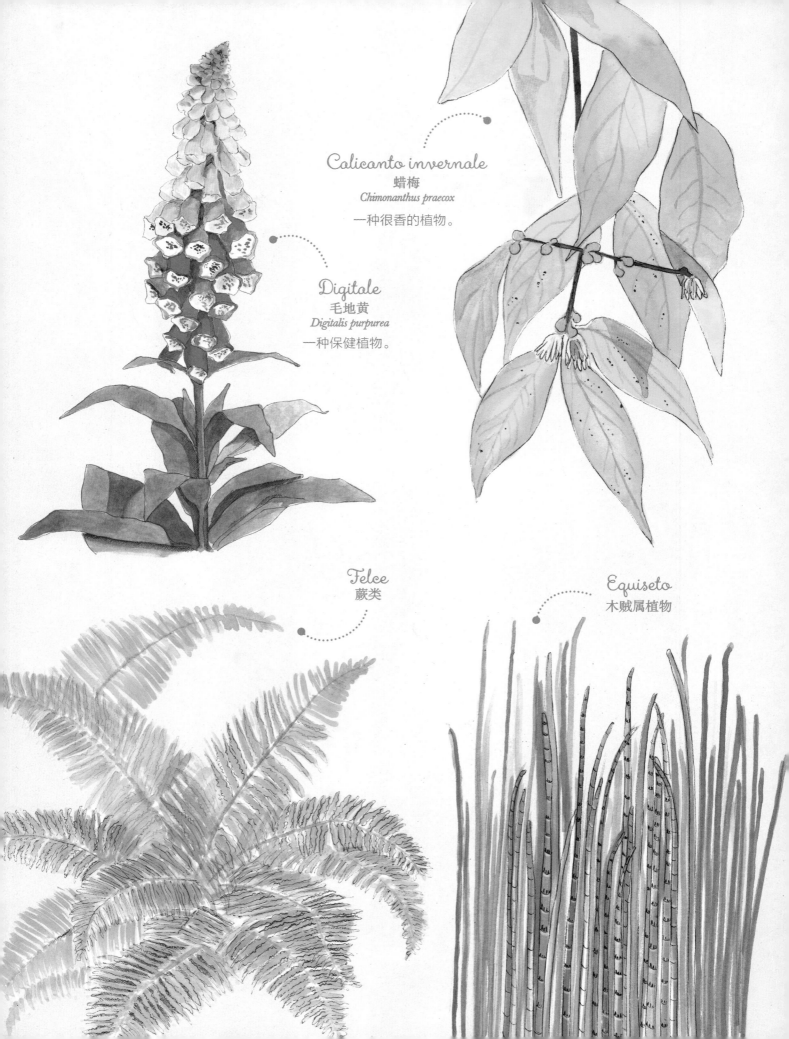

Calicanto invernale
蜡梅
Chimonanthus praecox
一种很香的植物。

Digitale
毛地黄
Digitalis purpurea
一种保健植物。

Felce
蕨类

Equiseto
木贼属植物

Amaranto
老鸦谷
Amaranthus cruentus

一种染色植物。

Sparviere milanese
米兰雀鹰草
Hieracium australe

一种稀有植物。

Cardo pallottola
花葱蓝刺头
Echinops bannaticus

一种菊科植物。

我 的 笔 记